U0781621

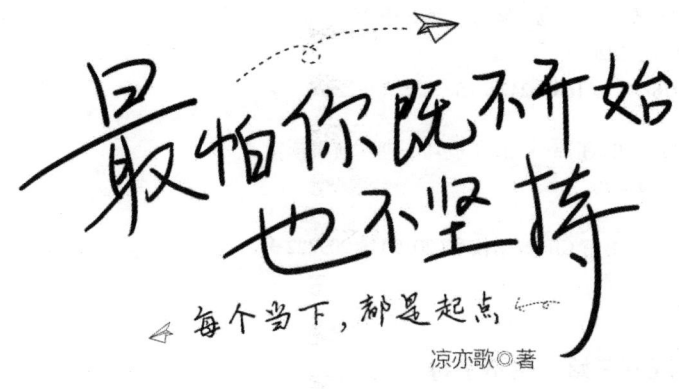

最怕你既不开始也不坚持

每个当下，都是起点

凉亦歌◎著

台海出版社

图书在版编目（CIP）数据

最怕你既不开始　也不坚持／凉亦歌著.—北京：
台海出版社，2020.2
ISBN 978－7－5168－2424－5

Ⅰ.①最… Ⅱ.①凉… Ⅲ.①成功心理－通俗读物
Ⅳ.①B848.4－49

中国版本图书馆 CIP 数据核字(2019)第 209222 号

最怕你既不开始　也不坚持
ZUI PA NI JI BU KAISHI YE BU JIANCHI

著　者：凉亦歌

责任编辑：员晓博　　　　　装帧设计：米　乐
版式设计：米　乐　　　　　责任印制：蔡　旭

出版发行：台海出版社
地　　址：北京市东城区景山东街 20 号　邮政编码：100009
电　　话：010－64041652(发行,邮购)
传　　真：010－84045799(总编室)
网　　址：www. taimeng. org. cn/thcbs/default. htm
E － mail：thcbs@ 126. com

经　　销：全国各地新华书店
印　　刷：三河市人民印务有限公司
本书如有破损、缺页、装订错误，请与本社联系调换

开　　本：880mm×1230mm　　　1/32
字　　数：200 千字　　　　　印　　张：9
版　　次：2020 年 2 月第 1 版　　印　　次：2020 年 2 月第 1 次印刷
书　　号：ISBN 978－7－5168－2424－5

定　　价：42.00 元

目 录
CONTENTS

1 身在生活，做理想的卧底

把时间投资给自己 // 003

永远不要停，因为你走的每一步都是人生 // 008

亲爱的，不要让别人实现了你的梦想 // 013

扛得住，世界都是你的 // 018

你穿上婚纱，丢掉了曾经一起许的勇闯天下 // 022

想要见风暴，那就拼命去航行 // 027

年轻，就是要活得走路带风 // 032

2 选一个姿态，让自己活得无可替代

别执着于眼前的苟且 // 039

人生的美，是为真实而活 // 043

你不说话,真的有人把你当哑巴　// 049

你是不是也曾排斥过一眼看穿的人生?　// 054

孤独才是人生的常态　// 058

头顶繁星,向阳而生　// 063

3　假装很努力,最后辜负的是自己

总有优秀的同龄人,过着你想要的生活　// 073

大学期末考试,听说你也在图书馆通宵　// 078

如果没人护你周全,那就坚强到没有软肋　// 083

如果脱单太难,那我劝你赚钱　// 088

自律的你,真的很讨喜　// 093

最可怕的是比你优秀的人比你还努力　// 098

你满口不在乎,是怕暴露自己的无能吧　// 103

别在该奋斗的年纪,让理想蒙了尘　// 108

4　人生最高级的体面,是修养

亲爱的,把那一块钱还我好吗?　// 115

你的孩子不懂礼貌,真的不是因为年龄太小　// 123

穷养富养,都不如教养　// 129

别把开玩笑当成你没素养的借口　// 135

5　姑娘,你落落大方的样子酷极了

除非互相喜欢,否则所有的喜欢都是心酸　// 143

他拒绝了你,但你却不能因此拒绝成长　// 147

放弃深爱过的人,你后悔吗?　// 153

姑娘,你落落大方的样子真的酷极了　// 157

过往不惦念,幸福向前看　// 161

撩的往往随心所欲,喜欢都是小心翼翼　// 170

他暧昧成瘾,你却动了心　// 175

当爱走不动,就勇敢放手吧　// 180

世界不爱我,但我选择拥抱它　// 185

6　风很大,想陪你说一世情话

越长大,越害怕遇不到喜欢的人　// 195

不要相信隔着屏幕说爱你的人　// 200

你不勇敢,可能错失的是真正的喜欢　// 205

有一种爱,叫做我想和你讲很多废话　// 210

余生很长,愿你被爱温暖　// 214

只因那是你,暴露无遗有何惧　// 219

喜不喜欢,不是"秒回"的问题　// 224

真正的爱,还包括自由　// 228

如果某天我秀恩爱了,那么对方一定是世上最好的　// 232

下一个你爱上的人,就是我的模样　// 237

7 在深夜痛哭,也在天明赶路

你有多久没毫无掩饰地哭过了 // 245

我们其实没那么坚强,只是学会了伪装 // 250

人生没有过不去的坎 // 255

善良一点,因为大家的一生都不容易 // 261

别叫她"剩下来的姑娘" // 266

熬过悲伤,攥紧希望 // 271

北漂女孩:不忘初心,方得始终 // 276

1

身在生活，做理想的卧底

把时间投资给自己

时间很公平，它对每个人都一样。

总有非你不可的聚会需要捧场，总有无关紧要的人情需要帮忙。但问题是，你还有自己。如果可以，去做最重要、最有意义、最使你快乐的事情吧，而不是所谓"别人"的事情。

永远不要让那些多余的打扰，耽搁了你真正的人生。真正值得投资的，只有你自己。

01

国外有一个很励志的短片《投资自己》，里面提出的问题曾经一度引发无数人深思：

你会高效率安排自己的时间吗？

你每天把多少时间投资给了自己的梦想？

过去的 90 天里你读了多少本书？

最近的一年你学会了哪些新知识或者新技能？

你生活里有多少时光，是因"别人"的打扰而被无情搁置的呢？

这些问题可能很难作答，但有句话很真实：你把时间投资在哪里，事关你的人生态度和目标。不是要把时间功利化，而是永远不要让那些多余的打扰，耽搁了你真正的人生。如果你想做一个立体而精致的人，就不要做老好人去讨好别人，对生活拎得清，高效率安排时间，去做最重要、最有意义、使你最快乐的事情，才能实现投资最大化。

因为人生最大的投资，是我们自己。

02

一个人对自己的投资程度，决定了他能成为一个怎样的人。常常听到有人抱怨：没钱没权没本事，又穷又丑又没用。究其原因，投资是需要成本的，比如金钱、时间、耐心等。

我以前有个同事，迷上了打游戏，别人都去报一些瑜伽、健身、插画培训班，或者花重金去市中心听精英讲座，但他每天只要有空闲时间，一定掏出手机开几局。

不但如此，他还嘲笑那些花钱投资自己的人："有时间花那些冤枉钱，还不如打游戏快乐。"游戏打完了，人生也被玩得半死不活了。你可以玩游戏，但不要游戏人生，因为代价太高，你负担不起。

还有一种人，属于不懂得如何投资。听过这样一句话：穷人思维和富人思维的最大区别是穷人往往更在乎钱，富人往往更在乎时间。有些上班族，忙碌奔波了一天，终于熬到了下班，但为了省十几元的打车费，硬是多挤两小时地铁回到了公寓，可是看书、烘焙、插花的时间，统统挤没了。也有些人，自身天赋能力有限，但就是不肯花钱去听有价值的课程，学习别人的经验，宁肯自己一路死磕到底，还美其名曰"不服输"。

其实，在你把时间浪费掉的那一刻，就已经输了。毕竟不是每个人都天赋异禀，有些时候，看似下了很多功夫，花费了大把时间，费尽周折，却依旧一无所获。你把时间的大半让位给了低效率的小事，结果反而得不偿失。

真正聪明的人，分得清事情的主次，从不在关键问题上吝啬金钱，哪怕他们真的很穷，也不会因小失大。

03

高效率地安排生活，实现自我投资最大化，是一种普通人值得穷其一生所追求的能力。我们生活在一个快节奏的时代，这个时代最大的特点，就是每个人都很忙。但是，通过高效率利用时间投资自己，获得成功的人士，却是少之又少。

惜时如金，是华人首富李嘉诚的成功秘诀之一。他曾经说：时间＋复利＝财富。如今，八十多岁高龄的李嘉诚，依然保持早起习惯：无论每天多晚睡，第二天早晨6点一定会准时起床。随后，听新闻，打一个半小时高尔夫，在8点前到办公室工作。这种勤奋和自律，非一般人能比。

阿里巴巴创始人马云，同样是个做事效率极高的人，和李嘉诚不同的是，他的高效，体现在即时思考能力上。马云虽然没有早起的习惯，但是他充分把握了自己拥有的每一块时间，大脑的运作从来没有停歇，连做梦、上厕所、洗澡、散步这些时间都没有浪费。碎片化的时间利用好了，马云同样实现了自我投资的效益最大化。

　　由此可知，高效管理时间，是成功不可或缺的条件之一。巴尔扎克把时间比作资本，歌德把时间看成是自己的财产，鲁迅先生则说：时间就是生命。用时间投资自己，是一种态度，也是一种能力。

04

　　时间很公平，它对每个人都一样。那些看起来才华横溢、熠熠生辉的牛人，每天也只有 24 个小时，一分钟都不会多。然而，他们的厉害之处在于：同样的时间，可以最大限度地投资给自己，实现效率最大化。甚至，他们的时刻表，可以精细到每一分钟。事实上，这种高效率的能力，和他们的梦想和目标也有关系。

　　坦白讲，如果你要做一条深水鱼，就不要总是在浅水滩嬉戏。你要游向更广更深的海洋，就必须竭尽全力。你的能力，必须配得上你的野心。李筱懿曾在《美女都是狠角色》里说：这个世界上若有若无的才华很多，漫不经心的敷衍很多，被现实照碎的梦想很多，对别人的美丽和成绩云淡风轻说几句漂亮话的机会很多，可是，踏实和勤奋却不多。

所以，如果你也想成为他们口中的天才、美女、牛人，那就去投资自己，为自己而努力。毕竟，我们都不是能够预知未来的圣人，唯一可控的，就只有自己。既然生命的长度无法拓展，那就尽最大努力，拓宽灵魂的宽度。

不要把时间轻易让位给任何人，更不要随便把梦想推给明天，因为你所浪费的今天，可能是你心心念念也回不去的昨天。

不如趁现在，把握当下的每一分钟。厚积薄发，投资修炼，成为更好的自己，何乐而不为呢？

永远不要停，因为你走的每一步都是人生

想知道一生可以走多远，那就不要停，永远都不要。

既然难得颠沛流离，不如走到底。

01

这个充斥着灯红酒绿的偌大都市，其实并不一定友好。

你拖着笨重的行李箱，一步一步，行走在午夜 11 点的都市街头，兀自叹了一口气，笨拙地摇摇头：这个月的房租还没着落呢，白天面试的公司也不知道能不能录取。

走得太急，不小心崴到了脚，你突然鼻子一酸：早知道，就该听从爸妈的安排，回县城当一名人民教师了。可当初，所有亲戚好友奉劝你回县城工作的时候，你婉拒的态度，客气又强硬。

他们说小姑娘该找份踏踏实实的活儿，等着嫁人就好，不要瞎折腾，省得耽误了青春。你不服气：青春不就是用来尝

试的吗？我可不想停下来，过那种一眼看穿的人生。

他们说你傻，说你不懂事，说你会后悔。可你还是义无反顾地抛开所有的质疑，一个人单枪匹马闯了出来，因为你说不想就此停下来。

毕竟二十多岁的年纪啊，生命正在盎然重生，哪怕一路磕磕绊绊，走走停停，又有什么关系呢？

总要走下去，才能发现这一条路的乐趣，或许荆棘满地，或许鲜花满地。

02

昨天上课，专业课老师提出了那个老套且难答的问题：同学们，你们毕业以后想做什么？

很显然，大部分人脸上浮现的，是茫然。而我们有多少选择呢？或许有人想考公务员，想当老师，因为那是世人眼中稳定且踏实的职业；也有人选择考研，因为当初来到这所普通的大学本不甘心，希望可以用更优异的自己，开启一段不一样的人生；还有人干脆利落，大手一挥说："我这人没什么追求，就回家找份工作，娶妻生子。"

可老师只是微笑着点点头："那，有人有更多的选择吗？"语音刚落，叽叽喳喳瞬间被鸦雀无声代替，所有人低下了头。

她说："你们知道吗？每个人都只是一个普通的灵魂，你走的每一步，都不会辜负你，想要看这一生可以走多远，那就永远不要停。"

原来我们这位老师，曾经考研三次进入了中国传媒大学，后来又自费去了美国哈佛留学，再后来，又折腾了一番，考了博士。

可人生，不就是不断奔跑，不断尝试吗？正所谓"灰色的理论，鲜活的人生"，精彩都是自己走出来的。

03

我记得大冰曾经说过一句话：愿你我可以带着最微薄的行李和最丰盛的自己在世间流浪，既能够朝九晚五，又能够浪迹天涯。

大冰的前半生，过得潇洒且自由。1980年出生的他，毕业于山东艺术学院，他并不满足稳定的生活，偏偏选择另一种活法。他当过山东卫视主持人，做过美工、剧务、摄像、执行导演，还做过素描老师、拉萨酒吧老板、丽江酒吧掌柜、鼓手、民谣歌手等。用他自己的话说，平行世界，多元生活，每个世界都要平衡。他一直都在路上走着，对于生命的探寻，从未停止过。

可谁又定义过生活呢？这个世界上有些约定俗成的法则，不过是某些人的一厢情愿罢了，并不适合芸芸众生。

还有几年前，从北大退学转入技校的周浩曾红极一时。他的做法受到了不少质疑，很多人说他瞎折腾，甚至有人怀疑他是为了炒作、想红才做出这种出人意料的事情。可扪心自问，又有几个人，拥有周浩那样决绝的勇气和态度呢？

实际上，他只是选择了另一种方式前进而已。谁说去了高等学府人生就圆满了呢？谁规定世人都只能选择一种活法呢？

年轻就是资本，我们总要不停地去尝试，踏过千山万水，才有机会领略这世界的千姿百态。就像狄更斯在《远大前程》里所说的一样：机会从来不会上门来找人，只有人去找机会。

所以我们不能停，所走的每一步，都是人生。

04

这个世界只有一种成功，就是用自己喜欢的方式过一生。我想，这个愿望应当属于每个敢于追梦的少男少女。

人气女作者陈大力写的第一本书，叫《怕什么前途未知，进一寸有进一寸的欢喜》，其中写道：不讨好，不妥协，不将就，二十几岁的年纪要少女心和野心并行，要既有梦，又有拳头，要靠着那股不做到极致决不罢休的劲儿，活成自己最喜欢的样子。

是啊，你想要什么配置的生活，就去争取好了，趁着年轻有梦，没什么好犹豫的。没必要为了别人的眼光，去过自己不喜欢的人生。我非常喜欢王菲的歌曲《白痴》里的一段歌词：固执无罪，梦想有价，让他们惊讶，什么海角，什么天涯，明天我要攀越喜马拉雅。

我们的征途，一直都是远方的星辰大海，熬得过寒暑，穿得过荆棘，一路走下去，总会发现欣喜。而所谓的人生，就在那条马不停蹄的康庄大道上，等着你去寻觅。

既然想知道一生可以走多远，那就勇敢地继续走下去吧，永远不要停步，酣畅淋漓地活出最好的自己。

亲爱的，不要让别人实现了你的梦想

总有人，心心念念地去追求、去实现我们一生所热爱的东西。

01

前几天，我跟着社团去走班宣传，被一群学弟学妹叫学姐时，才恍然时光流逝飞快。而自己已经不是当初那个懵懵懂懂，连学校里的牡丹都要拍照的小丫头了。

没有了第一次见到大海的欣喜若狂，没有了第一次爬山的"累并快乐着"，也没有了当初看到化着妆、身着白纱裙的学姐走过时的惊叹。有的，只是一句又一句的无所谓："有什么好看的，一年早就看够了！"

突然想起，刚来到大学的时候，明明每天都过得新鲜无比。表白墙上又有什么帅哥出现，操场上要举行草坪音乐会，哪个公园要举行节假日活动，自是一个不落。随便拉上几个舍友，便可随心所欲地逍遥自在，不用在乎时间，也不用在乎花不完的精力。

那时候，天天没心没肺地瞎逛，甚至在黄昏之时压压马路，向着那抹若隐若现的余晖深情对望，都别有一番多情的滋味。只是偶尔也会感慨一下日常的琐碎，担心会不会就此被流逝的时间抛在身后。

但也只是想想。周末，依旧昏昏沉沉地睡到阳光晒到脸颊，然后下楼叫一份外卖，懒散地三口并作两口地吞下去，和着舒适的睡衣，爬到床上刷剧，看段子，听音乐。时间一长，也不觉得有什么不妥，反正有大把时光，有什么要紧？

02

第一次发现自己的自欺欺人，源于一个朋友，姑且叫她雨。雨来自别的班级，却因为志趣相投同在一个社团，成了挚友。

第一次见到她，是在图书馆。那天我去还借了将近一个月没看完的小说，雨在里面学习，抱着一摞厚厚的参考书。

我很惊讶地跟她打了声招呼，雨抬起头看我，甜甜地笑了一下，算作礼貌，然后低下头去，继续看书。我看到雨的眼神里，透露出的是别的大一学生没有的坚毅和坦然。

后来每次找雨出去玩，她都在图书馆学习。几次爽约之后，索性就不再找她，干脆拉上玩得来的舍友一起，去海边快乐地疯玩一场。

雨自己说，她是那种一天不学习就头皮发痒的人。自习室、图书馆不说，连学校后山的小亭子、小树林也是她的学习常驻之地。

才大一呀，为什么那么拼？可一年之后，这句话再也说不出口。一年之后，拿到奖学金的人是雨，不是我；被学院领导称赞、点名发言的人是雨，不是我；学富五车、出口成章的人是雨，不是我；做事不慌、有条不紊的人是雨，不是我。

而转眼，我已经变成了学弟学妹眼中的"学姐"，却一无所获。

03

一个人惊觉自己失去太多的时候，一定是发现了一个不忍接受的事实：原来，有人正在悄悄准备实现你的梦想。

我想起曾经雄赳赳气昂昂的过去，想起来大学之前信誓旦旦的誓言，后背一阵发凉。曾经那么用力地企盼，想要活成自己喜欢的样子，如今却被现实活生生地撕碎，换句话说，是放弃。我浑然不觉地放弃了自己，还叫嚣着理所应当。

曾经抱着多大希望，现在就有多少失望。最可怕的，是别人活成了你想成为的样子。那种感觉，就好像两只健全的腿瘫软地陷在泥潭里，无法自拔，还美其名曰"舒适区"。

总以为大脑是清醒的，总以为计划是完美的，总以为明天是遥远的。实际上，一切都是荒唐的。才发现自己，已经很久很久，不敢去谈论梦想这个词。

很空洞吗？或许不是的。大部分时候，我们只是没有了那份说起梦想眼神发光的勇气，而是悄悄珍藏起那份不为人知的梦想。

04

小时候最自豪的事情，就是被问起"你的梦想是什么"的时候，可以骄傲地说出自己的心声，天真也好，臆想也罢，但从不会有一丝一毫的迟疑和犹豫。

长大之后，却不敢随随便便把"科学家""大明星"挂在嘴边了，那些幼时的豪言壮语，就那么草率地尘封在回忆里。

台湾著名漫画家朱德庸曾说："人生充满着各种梦想，如果你不努力追求自己的梦想，你就会被别人纳入追求他的梦想。"这世上，总有人心心念念地去追求、去实现我们一生所热爱的东西。不管是我们仰望不到的人，还是我们讨厌且不看好的人。

而我们所能做的，就是和他们在同一条路上，并肩作战。不要等到别人跑到了路的尽头，才惊觉自己还停留在起点，不要等到木已成舟，才遗憾自己的梦想已经被别人实现，一切都为时已晚。

其实所谓梦想，真的可能没有那么神圣化、功利化，不过是好好活，好好过，不让自己的生活过得那么苍白无力，认真把握当下的人总是比荒废时间的人更能感受到梦想的温度。

不过是看很多很多书，走很多很多路，遇见很多很多有趣的灵魂。明明都是两只脚，两只手，一个大脑，怎么就偏偏走不动路，拿不起书，思考不了人生呢？

只是看你想不想、敢不敢罢了。没什么了不起的，都是第一次做人，都是第一次追梦。

亲爱的，永远不要让别人实现了你的梦想，只有昂扬向上，才能骄傲丛生，满目辉煌。

扛得住，世界都是你的

这个世界从来不会轻易对任何人报以微笑，除非你用钢铁一般的力量来征服它的傲娇。

01

你有多少次，想放弃苦痛的生活了呢？

知乎上看到过这样一个提问：如果你拼了整条命，依然离成功还有一步之遥，你还愿意继续吗？

结果，百分之九十多的人回答：我选择放弃。理由是：尽人事，听天命，有些事情拼尽全力也做不到，不如趁早丢掉。

可是，仍然有百分之一的人，选择了继续死磕。其实我想，这也是为什么大多数人都是庸人，而精英只占一小部分的原因。

你谈过几次恋爱，可次次都以失败告终，二十多岁的年纪，你大呼不再相信爱情；你在十几平方米的出租屋里蜗居，迷离的灯光下，堆积着乱糟糟、处理不完的文案，你挠挠头，内心绝望又昏暗；你不经意翻开钱包，里面除了上个月房租费的欠条和身份证，竟然没有一张百元大钞。

别人都说大城市很好，可这个万人追捧的浮华都市，似乎对你并不友好。可是，为了成为那概率渺小的百分之一，你依然咬着牙告诉自己：扛下去！

扛得住，世界就是你的。

02

永远都不要说世界不够爱你，如果你还没有拼尽全力。

我有个表姐，如今在中国社科院工作，活得潇洒而体面。可哪里有人知道，她高考复读了两次，拼了半条命被保送到北大读研，才活成今天这个令人钦羡的样子。

复读一次就要承受巨大的压力，可她生生在高考的"熔炉"里，锻造了两次。有时候真的顶不住压力了，她就去楼顶放风，俯瞰渺小又伟大的校园，那是梦想起飞的必经之地。她说："明明挤过了人山人海，才得到如今的成就。没有当初的勇气和匍匐，哪有今天的辉煌和礼物。"

有些人总是喜欢用运气来说话，其实不过是为自己的不努力找借口罢了。他们不一定真的扛不住，只是对于自己热爱的东西，少了那份执念。鲁迅先生说："哪里有天才，我只是把别人喝咖啡工夫用在工作上罢了。"好运气的人看似得到了上天的恩宠，可他们背后的心酸与苦楚，却没有人看得见。

大多数人都喜欢欣赏并羡慕那些轻轻松松被金蛋砸中的幸

运传奇，而对那些靠自己数十年如一日笨拙奋斗的故事不屑一顾。

于是我们面对问题，不停陷入犹豫和迷茫。总期盼着好运，却吝啬于付出，更不屑于努力。

但这个世界表面客气，内里却残酷无比：它不相信运气，只相信成绩。

永不言弃、扛到最后的人，才能看到最高峰上无比动人的风景。

03

都是第一次做人，谁都不会轻而易举，同样不会一帆风顺。其实细想一下，你所羡慕的成功人士里，哪个不是一路披荆斩棘，死磕到底，才辉煌无比？

俞敏洪曾对学生说："哪怕是最没有希望的事情，只要有一个勇敢者去坚持做，到最后就会拥有希望。"而新东方最年轻的托福老师张安琪，也是付出了超乎常人的努力和坚持，才得到了"门萨女神"的荣誉。她在复旦大学就读本科的时候，跟随陈萌老师做科研，老师曾布置了一篇相当晦涩的论文，很多人都选择放弃或者草草了事，只有她一个人，每天工作十六个小时，连春节都泡在图书馆里。

坚持，是这个世界上最伟大的品质。而成功的人，往往能把它发挥到极致。

谁不想躺在柔软的沙发上追剧畅想人生呢？谁不想拥有玻

璃心和公主病的双重资本呢？可这个世界，从来不会轻易对任何人报以微笑，除非你用钢铁一般的意志，征服它的傲娇。所谓"欲戴皇冠，必承其重"，想要成功，你得有资本和毅力。不然那么多人，凭什么脱颖而出的是你？

《真心英雄》里有一句歌词：不经历风雨，怎么见彩虹，没有人能随随便便成功。坐拥无尽黑暗，光明自在眼前，夺目的光鲜背后，一定有一种黑夜属于你。那些拧巴、挣扎、无助的瞬间似乎都藏在夜晚，也只有你自己看得见。

04

哪怕生活很苦，哪怕你已经付出了很多努力，哪怕流浪漂泊的日子里，几乎被世界抛弃。可那又有什么关系，谁还不是一路拼了命死磕，一路受着伤披荆斩棘，最后才活得风生水起？

不放弃，才是青春的唯一出路。就像泰戈尔《飞鸟集》里的那句：只有经历过地狱般的磨砺，才能练就创造天堂的力量；只有流过血的手指，才能弹出世间的绝响。

你的成功，终该有迹可循，那样才动人。如果你想做那百分之一，如果你想坐拥整个世界的欢呼和掌声。那就千万别放弃。

这个世界上，随随便便就放弃的人，实在太多了。他们被称为庸人，可你，要做极少数的精英。扛得住，熬得过，世界才是你的。

你穿上婚纱，丢掉了曾经一起许的勇闯天下

　　曾经一起穿着小花裙、蹬着小皮鞋蹦蹦跳跳的女孩儿，如今已经穿上了婚纱。

　　我很遗憾，不能一起玩泥巴了。

01

　　老妈说，我的童年生活很幸福。只因太过幸运，四周的邻居，统统都是相差不到三岁的闺蜜。我们五个人的友谊，多年来一直羡煞旁人。

　　记得小时候，最喜欢躲到一个闺蜜家里，偷偷背着妈妈裹上花花绿绿的被单，玩扮演还珠格格和七仙女的游戏，还有捉迷藏、跳房子、打羽毛球、唱儿歌……可谓应有尽有。

　　那时候经常天真地幻想：我们就这样，可以一起待一辈子的吧。现在想想，当时的想法似乎过于天真。

　　有一次假期回家，我们七凑八凑，费了好大的力气，才把五个人聚齐。情况是这样的：欣欣带着她三岁的女儿，满屋

子跑来跑去；阿秋的儿子刚刚断了奶，一脸呆萌地躺在她怀里；小真好容易被我们拉出来，手机一直"嘟嘟"响个不停，不用问，准是男友打来的……

只有我和明月两个还在上学的人不知所措地一边看着满屋子人围着孩子团团转的场景，一边听阿秋讲她生宝宝的苦痛。

02

有人说，越长大越孤单。以前不愿意承认，现在蓦然发现，成长和孤独，相依相偎。怎么说呢，这种孤单有时候并不是曾经的朋友越走越远，而是就算他们明明在你身边，你却只能假装笑得很灿烂。

年龄越大，分道扬镳的时间越长，价值观差异就会越来越大，话题也变得越来越少。甚至不时会怀疑，我们竟一起毫无保留地谈天说笑过、捧腹过、流浪过、取暖过。

大概是因为，那时候的悲伤太少，秘密太小，顾忌和烦恼太明了，世界仿佛也太渺小。终于有一天，你说要出去看看这个世界。我满心欢喜地送到站台，跟你说："保持联系！"你点点头，那一刻，你的眼睛里含着眼泪，那是真的伤悲。

可等你真正回来的那天，却已不再是少年。你已经穿上了洁白的婚纱，我还在握着笔写写画画，我再也不能听你唱儿歌，和你一起坐在地上吹泡泡玩泥巴了。

我们都没有错，只是时间撒了个谎，然后顺势把我们浪迹

天涯的身影拉开，隔上一道屏障。然后再安排一次不痛不痒
的重逢，继续各奔东西。

03

　　记得阿秋结婚的那天，曾给我打过电话，希望我去当伴
娘，那时我在备战高考。不知道为什么，我既没有逃课去参
加那场许下了很久的婚礼，也没有鼓起勇气去找老师请假，
只是找了个理由搪塞了过去。

　　其实，曾经明明说好的，五个人的婚礼，必须全部到齐。
但我并没有因为失信而心存愧疚，反而长舒了一口气，或许
去了，才会真正拘谨和不安吧。

　　不是因为儿时的许诺太过随意，不值一提，反而是因为太
过珍贵，珍贵到不愿意用现在的自己，去触碰，去面对那份
珍藏在心底的东西。有些东西，没了就是没了，再怎么费尽
心思寻寻觅觅，也不过徒劳，不必强求。成长的路上，本就
是一边拾，一边丢。包括那些从小玩到大的朋友，还有你一
直珍藏说要记一辈子的情感，走着走着，不知道什么时候就
弄丢了。

　　想起筷子兄弟在《老男孩》里唱道：转眼过去多年时间，
多少离合悲欢，曾经志在四方少年，羡慕南飞的雁，各自奔
前程的身影，匆匆渐行渐远……

　　如今再听，感触颇深。

04

遗憾的是，很少有人愿意坦然面对失去。我们喜欢怀念，喜欢将过往的美好翻出来追忆。

但怀念并不意味着沉溺于过往，总有一些人一味陷在过去的人和故事里无法自拔，快乐的人着迷，悲伤的人则愤慨，全然没有洒脱放下的意思。怀念应该是一种勇气，是对过去的一种感激和平和的追忆，只有在心存美好的时候才会去捧出那些珍藏的故事，对过往的一切情深义重，但从不回头。

那些花花绿绿、张灯结彩的精彩回顾，可以简单地作为一剂绝好的良药，一贴雪中送炭的暖宝宝，给予慰藉，也给予我们面对未来的勇气。

尽管那些四散天涯的朋友，或许无法伴你左右，无法对你的悲喜感同身受，无法和你一起谈天说地，但他们的存在，像是洒落在那些年的温暖阳光，陪着你度过艰难时光，也在往后的日子里赋予回忆温度。

曾经有个朋友跟我说："好伤心啊，上了大学之后，和以前的朋友聚首，再也找不到共同的话题，也找不到曾经亲切如故的感觉了。"

可是亲爱的朋友，我们总要面对离别，也最终会看淡过往。或许从各奔天涯的那一刻起，每个人需要走的路就已经不同了吧。而这同时也意味着，你们失去了大部分共同话题和联结彼此情感的纽带。

当你为了那些远去的朋友而感到难过时，也许会错过身边正一起走的朋友，所以不必忧伤，既然无法回到亲密无间的状态，那便互相尊重并坦然接受吧。若是真能像俞伯牙和钟子期那种，可以遇到一生的知音，当然是人生一大幸事。但遇不到，也不必强求。

　　张小娴曾说："有些离开，是为了使我们更好和更优秀地走向生命的终点。"曾一度很难过，原来一起穿着小花裙、蹬着小皮鞋蹦蹦跳跳的女孩儿，如今已经穿上了婚纱。我很遗憾，不能一起玩泥巴了。但不管身在何方，我们不会忘记曾经一起走过的路程，哪怕分离，也依然会衷心祝愿彼此拥有一个灿烂的未来。

想要见风暴，那就拼命去航行

眼前的小滋润不过是一叶孤舟，经不起风浪，而想要见到真正的风暴，就要全力以赴地去航行。

"我们的征途，是星辰大海。"

01

前几天，我写了一篇关于单身贵族女性独立的文章，其中提到了一个月入过万的朋友，严格意义上讲，是月入五万有余。然而，在铺天盖地的评论中，有这么一条：骗人的吧，我身边的女性月入五千的都没有。

我顿时一惊：这种事难道还能随意编？可转念一想，这不过是个人思维差异的问题，一个为日常温饱发愁的人可能无法理解某些花成千上万的大价钱给宠物、跑车做保养的人。"浪费钱，还不如用在柴米油盐上。"他们会这样想。

一个在山脚下徘徊的人无法看到"一览众山小"的壮阔美景，只有站得越高，才能领略到越多的风景。就像几年前的我，可能也会像那位评论里的人一样，无法想象出超越自己圈子以外的世界，于是自欺欺人地认为：我没见过月入五万的女性，所以就不存在。

可是你身边没有，不代表这种人不存在。有一种自以为是的笑话就是：你用自己苟且安身的小圈子，去衡量这个世界。而到头来，只能被它狠狠地给以暴击，毫无还手之力。

看不见高处的风景，还沾沾自喜，才是最可悲的。

02

你的生活环境，在一定程度上决定你的眼界和格局。这话不无道理，之前没有接触写作圈的时候，我所认识的朋友，无非就是交完房租、水电费、饮食起居的花费之后，剩下的钱都不够买一条热销美裙的人。

记得之前和一个高中老同学见面，我们谈到了各自的开销，她非常无奈地调侃："月入五千，花销六千，工资都不够打水漂的。"

但是，这不是最关键的，当我问起她为什么不想办法换个好一点儿的工作或者争取好好表现加薪时，她有些懒散地说了句："无所谓啊，反正凑合凑合也能过，将就一下也没什么坏处。"好吧，我为之一惊。

如果你认为自己的能力不够需要锻炼，无可厚非，但是，如果你对眼前苟且的人生抱着无所谓的态度，那才是真的完了。因为没有一份好的人生，是在凑合中自动生成的。

很多年前，我曾经非常羡慕那个早早辍学的闺蜜。毕竟，当我们还在上学，每个月不得不伸手向爸妈要生活费的时候，她已经可以自力更生。也是很久之后我才了解到，那时候她月入三千的工资，有两千都用来买了化妆品，以至于现在七八年过去，她也没有做到月入过万。表面上的潇洒和美丽或许可以换来短期的虚荣和赞美，但是故事的结局，往往不会那么动人。

举这个例子只想说明：如果你仅仅看得到眼前的平淡并且毫无前进的信念，那么生活推出来的烂摊子，就永远不会停。今天可能是一张房租费单，明天是孩子入学的费用，那后天呢，大后天呢，你能一直凑合下去吗？

你不把眼光放长远考虑，生活就会一直肆无忌惮地虐待你，不留余地。

03

当然，仅仅谈钱会显得有些庸俗。

读大学的时候，我认识一位姑娘，是那种年年拿奖学金拿到手软的人，泡自习室、通宵学习基本是她四年的日常。在那个人人抱着手机、陪着男女朋友打游戏的普本大学，这样一个人，自然显得与身边人格格不入。

可喜的是，这个姑娘在其他人的冷嘲热讽里，一如既往地坚持了自己的态度，特立独行了四年。

《俄罗斯方块》这款游戏告诉我们：合群意味着消失。所以不要轻易迷信所谓合群的理论，一个人最大的能量，不过是在荆棘丛生的险恶中，捧出一朵花儿来。只有你自己真正拥有很高的水平，才能吸引到同样高水平的人，我们要做的不是在尘埃中寻找尘埃，而是努力盛开，遇见清风。

所幸，这位一直坚持努力、特立独行的姑娘最终做到了，她以历年来最高分的考研成绩，去了南开大学。后来每次见面提到这件事，她都会激动得落泪，不是曾经的付出有多辛苦，事实上，当你真正做成一件事情的时候，汗水不过是一种甜美的附属品。

真正让她感激的，是那个拥有远见卓识并为之不懈努力的自己。试想，如果和大部分人一样，每天过着醉生梦死的潇洒生活，对生活抱着走一步看一步的态度，她又怎么能在万千考生里脱颖而出呢？不得不说，一个人的远见和上进心，是这个人在最美的花样年华里，最珍贵的一笔财富。

眼前的小滋润不过是一叶孤舟，经不起风浪，而想要见到真正的风暴，就要全力以赴地去航行。

"我们的征途，是星辰大海。"

04

如今，我开始期待更加美好的自己，去读很多的书，去很多的地方旅行，去结交各行各业的朋友。只要认识到自己的狭隘和差距，就开始拼命想办法弥补，我一直相信，人生没有太晚的开始，那些瞻前顾后、犹豫不前的人无法知道，迈出了第一步后所看到的世界到底有多精彩。

高晓松有段歌词很经典：生活不止眼前的苟且，还有诗和远方的田野。你赤手空拳来到人世间，为了心中的那片海不顾一切。

真的，沉迷当下的舒适和无知，只会让你苟且于一种已经烂熟于心的套路生活，跳不出桎梏，打不开更广阔的天地。你能触碰到的美好，也不过是冰山一角。你会越来越无力挣扎，越来越身不由己。

只有你真正向着更高更远的地方探索的时候，生活才会变得与众不同起来。领略不同的风采，探索未知的世界，对鲜活的世界永远保持好奇，永远保持一颗上进之心。

一个人的生命可以有无数种可能，不满足现状，才应该是我们对世界最大无畏的宣言。

年轻，就是要活得走路带风

在最难熬的日子里，也能光明正大地笑出声，一觉到
天明。

01

周日和朋友小聚，三五个人一起，坐在偌大的咖啡馆里，
对着午后温暖的阳光，天南海北地扯个没完。

"你们看我新买的大萝卜，可爱吗?"小 A 眨巴着忽闪忽
闪的大眼睛，满怀期待地问道。

"我看看。"我一把抢过来，"哎，是新型水杯啊，上次大
东不是刚送你一个?"

"我们分手了呀。"小 A 做了个鬼脸，见我一副大梦初醒
的样子，还故意撇了撇嘴。

全场沉默了足足一分钟。

"你们干吗? 看老娘开心羡慕是不是?"反而是小 A，一
脸的无所谓，没有失恋的悲伤，更没有故作掩饰的姿态。可

是谁都知道，她有多爱大东。可是，不仅那天，后来的很多日子，我们见到的小A，从来没有过任何不对劲，反而是我们的担忧，显得有点杞人忧天。

后来还是她自己解除了我的疑惑。小A说，这个年纪，已经不会因为恋爱要死要活了，比起失恋的痛苦，她更悔恨自己亏待美好的生活。"年轻，就是要活得走路带风，美好的东西多着呢，凭什么让我一蹶不振呢？"

这句话也是小A告诉我的，一个你无法想象的洒脱女孩。我想，这句话里包含着一种入世的乐观心态，是你"看清了生活的本质，依然选择热爱生活"，是你"在最难熬的日子里，也能光明正大地笑出声，一觉到天明"。

不得不说，年轻的心态，真的是你对抗痛苦的最佳资本。

02

我最喜欢的一个词语，是"少年气"，与之对应的另一个，是"少女心"。很羡慕那些拥有少年气的人。我想，对它的另一个解释，除了上面提到的"乐观"，那就是"勇敢"。这种勇敢，不是横冲直撞，也不是肆意妄为，而是在保证安全的情况下，愿意冒着风险去拼一把，不惧失败，不怕丢脸，不畏艰险。这样的人，不仅诚恳，而且拎得清。

你愿意为了自己真正热爱的东西放弃一些约定俗成的诱惑吗？或者说，你敢吗？比如当下火热的考公务员和自由职业之争。很难讨论其中的对错，两种不同的路而已，哪有什么高低之分，人各有志而已。

　　我认识一个自媒体行业的"大神"，从公务员辞职之后专职写作、运营、做原创，从月入七八千到如今年入百万，也不过两年时间。抛开自媒体时代的红利不谈，光辞职那份十足生猛的少年气，有几个人敢真正放开手去做？

　　其实从一个大家都认为美好的光环中跳出来，这中间的勇气真的不足为外人道。当初周浩从北大退学上技校，被多少人诟病"不知天高地厚""蠢货"。尽管他没有能力让那些不懂内情的人闭嘴，但是后来的周浩依然非常坚定地开口："我的人生从没有后悔，很庆幸，凭借那股爱自己的少年气，活出了自己的精彩！"这不正是走路都带风的少年气吗？不懂的人永远不懂，只有同行者深感意气相投。

03

　　随着渐渐长大，我也开始思考一件事：我们的人生，究竟为谁演绎？答案是自己，努力为自己而活，其实一点儿也不丢脸。八月长安曾说："别人用世俗的眼光早早就画好了人生考卷的复习范围，我们就在这个题库内努力地答题，总归要及格才算是对得起父母。"

　　曾经的我也是这么认为的，年少的时候，心愿只有一个，那就是拼命读书，然后拿小红花和奖状，换取父母老师的笑脸和夸赞，那时候的自己也是无比开心。只是，有一天蓦然回首才惊觉，当初心心念念的那些夸奖和赞扬，似乎都无足轻重。

那时候游戏被禁止，暗恋被掐死，小说被没收……当时的自己也曾在内心抗争过，但表面还是一言不发，默默顺从。后来我爱上了文字，并在这个领域取得了一定的成绩，终于发现，只有做自己真正想做的事，为自己所爱的一切努力奋斗时，才会发自内心地感到充实和快乐。

我们渐渐长大，可能再也不像当初一样单纯为了别人的夸奖和赞扬去做什么，如果真的一定要去做一份别人眼中还不错的职业，那么它的前提，必须是自己真心热爱的事情。

王小波曾在书中写道："青年的动人之处，就在于勇气和他们的远大前程。"年轻的时候，不应陷于条条框框、囿于指指点点。我们应该努力奔向远方，为自己所热爱的一切，不问西东。

04

如果你也是一位期待闪光的少年或者少女，那么，一定不要弄丢了自己的少年气、少女心。年轻，就是要活得走路带风。别用假装和敷衍，埋葬了自己仅存的热情。

这个世界充满了包容，它可能会以一百种方式来接纳你，免你流离失所，免你无枝可依，免你颠沛流离。但你也要做好对这一百种方式统统失望的准备，毕竟没有哪一种是量身定做，命运不偏袒哪个人，也不对谁格外吝啬。

如果可以，我希望你可以有勇气去创造第一百零一种方式，可能很难，可能你依然会失望，甚至绝望。但是，所谓赤子之心不就是那颗就是不讨好、不妥协、不将就的心吗？那些最后获得成功的人，哪个不曾怀揣一腔热血勇往直前过呢？黄庭坚有首少年词《清平乐·休推小户》：几回笑口能开，少年不肯重来，借问牛山戏马，今为谁姓池台？

多年后，瑶池台上，就是曾经为自己努力过的你。

选一个姿态，让自己活得无可替代 **2**

别执着于眼前的苟且

年轻，是有资格欠考虑的。

而这种考虑，必须放长远，让你自己最大程度获益，否则只会适得其反。

01

记得刚上大学的时候，我经常去做各种各样的兼职。那时候没有接触写作，更没有什么稳定的经济来源，单纯就想找点事做，当成一种锻炼。

以发传单为例，我曾经顶着酷暑，在烈日炎炎下口干舌燥地拉拢路人，希望某个行色匆匆的路人，可以停下来伸出手，接过我的传单。遗憾的是，很少有人肯停下来接过我手中的传单。

除了发传单，我还当过话务员，卖过货，扮演玩偶，一天筋疲力尽下来，大约赚60元到100元不等。后来我放弃了兼职，不是因为钱少，而是那种费力不讨好的心理折磨，真的太痛苦了。

后来，我渐渐开始思考什么才是这个年龄段应该做的事。大一期末，有个同学院的好朋友，因为背诵了一篇《老子》，拿到了 600 元的奖励；还有一个舍友，一篇稿费就是 200 元。对比之下，我曾经辛苦付出大量体力拿到的 70 元，似乎有点可笑。

大二开学的时候，我默默退了所有的兼职群，决定再也不去做这种低效率的兼职。不是因为有了其他经济来源，而是我开始思索：与其汲汲营营于眼前的利益，是不是还有更长远的事情值得去追求呢？比如学习、读书、旅行、写作。

02

之前听毕业多年的表姐，讲过她自己的故事：他们公司在当地比较出名，很多名牌大学毕业生慕名前来应聘，他们抱着高学历的证书，属于天之骄子的自信写满脸庞。

"但很遗憾。"表姐苦笑说，"其实最后留下来的，还是那些自身能力出众的人，学历只是一个方面。"

曾经表姐读大学的时候，也是各种折腾，做兼职、做公益、当学生会部长，凡是有可以"锻炼自己"的活儿，她都一一去做了。只是去面试的时候才发现，自己压根儿没有一项拿得出手的技能，连修图这种简单的技术活，也只学得半斤八两。那个时候的表姐才恍然大悟：这个社会看中的，始终是你的个人能力，而不是你所谓的经历和付出的体力。

不是你做了很多种兼职，当了学生会主席，就积累了完美无缺的经验，很多时候，依然远远达不到社会的要求。当你决定去做一件事，就要努力做到最好，样样通，不如一样精。想要活出高效人生，质量可能比所谓的数量更重要。如果眼光只是放在一些眼前看似有益的小事上，可谓既低效，又无用。

年纪轻轻的时候，谁都有气冲云霄的野心，想变成一个更加立体、通透、精致的人，但也请你记住一点：千万不要因为贪图眼前的利益，而走错了人生的长路。那些让你感到愉快的游戏、那些不用过多思考毫无门槛的低效兼职，其实都在冥冥中消耗你的气力。只有把眼光放长远，才能做出最有利的选择。

在大学，其实有很多兼职，比如私人专业家教之类，还是可以锻炼自己的。而那些除了付出体力一无所获的廉价低效率的兼职，如果不是特别缺钱，最好还是不要去。因为大多数情况下，这种活儿弊大于利。那些老板会告诉你，你是学生，经验不足，所以只能得到正式员工一半的薪资。你可能占用读书学习的时间，拿到了买一件新衣服的钱，可你同时抛弃了自我提升的时间。甚至碰到黑心的老板，你还会被骗，无奈地回到原点。吃亏暂且不说，重要的是，你应该思考：在大学，究竟应该做什么，才能不辜负那个意气风发的自己。

生活，应该是和喜欢的一切在一起。所以，做任何事情之前，可以先问一问自己：我做这件事开心吗？快乐吗？如果答案是否定的，那值得吗？如果答案依然是否定的，那不如放弃吧，连开心都达不到的事情，不值得大费心思。

这个世界上只有一种成功，就是用自己喜欢的方式去过一生。大学时期，正是一个人能力积淀、灵感喷薄的爆发期，因为年轻，有大把的精力和时间，一个好的选择，可以受益一生。

著名作家八月长安曾说："年轻，是有资格欠考虑的。而这种考虑，必须放在最长远的目光里，让你自己最大程度获益。否则，只会适得其反。"青春昂扬的年纪，请你有足够的自信，去认识真正的自己。而你认真去走的每一步，都不会辜负你。所以去做一些让你感到真正快乐和有价值的事情吧。

就像很多人劝你多读书，因为多读书不会错，学习永远都是一个无止境的过程，那些你看过的书、学到的理论，终归会融进你鲜活的人生里。经常听人说，一个人的格局和眼界，决定他的一生。说一生可能稍有牵强之处，但必须承认的是，格局眼界，对一个人特别重要。正如余秋雨曾经说过的那样，人的生命格局一大，就不会在琐碎妆饰上沉陷。真正自信的人，总能够简单得铿锵有力。

目标不一样，选择自然就不同。每个人都可以做的事情，往往没什么特别的意义，而真正有意义的事情，却极少有人可以做成功。

如果你的目标是做一头深水鲸，那就勇敢游出浅水滩，向着远处前行。我们的征途，是星辰大海。而你跨越海峡的能力，将会征服整片大海和天空，然后姿态昂扬地，收获美满有趣的一生。

人生的美，是为真实而活

真实的自己，也许不那么光鲜，但却是最让人感到踏实和心安的。

01

周末图书馆关门，我和朋友提着电脑包去咖啡馆写稿，邻桌是两个打扮时髦的同龄姑娘。我点了一杯卡布奇诺，坐下来的时候，开始和朋友一边谈笑，一边商量文章选题。可一个多小时过去了，旁边的两个姑娘，愣是没发一言，我有点好奇地瞥了一眼，发现这一个多小时的一言不发，仅仅因为她们在摆造型自拍。

余光里，姑娘 A 似乎非常不屑地看了我一眼，然后和姑娘 B 交流了一下眼神，但依然没说话。我低头看了看自己：黑眼圈，马尾辫，有点过时的白 T 恤，倒像个落魄的路人甲。相比之下，屏幕中的小姐姐确实比我好看多了。毕竟美颜相机的功能还是很强大的，然而现实中的姑娘 A，却是肤色暗黄，脸上痘痘遍布。

自从美颜相机流行以来，在年轻姑娘的群体里迅速刮起了一阵 P 图风。脸大、皮肤不白、痘痘爆满，熬夜加班眼圈眼袋厚重，没关系，一键美颜可以解决所有问题。所以我们看到的，是朋友圈里一个个肤色白皙、五官精致的美女，而她们的定位一般是咖啡馆或者有格调的卡通小屋。

表面来看，她们似乎在朋友圈活成了自己想象中的样子，但究竟有没有活成自己真正想要的样子呢？很多时候，所谓的美颜，不过是冷冰冰的机器制造的一个面具而已。那明明不是真实的你，可怕就怕在你以为是。

之前听过这样一个故事，大二姑娘芳芳，通过微信认识了网友钱平，平时照片视频也发了不少，可是见面的时候，还是没能避免"见光死"。

现实中的芳芳，比照片中胖了两圈，身高也不属实，钱平见芳芳跟照片判若两人，觉得被骗了，单也不买便偷偷溜了。同班的赵哥看到芳芳哭泣，气不过，把钱平按倒在地上狠狠揍了一顿。后来，警方对芳芳和赵哥二人做出行政拘留十日的处罚。芳芳泣不成声："都怪我，还连累了别人，要是当时豁达一点就没事了，现在真是悔死了。"

其实颜值不够，可以用才华和能力来凑，读书、写作、学穿搭，气质一样可以提升上去，没必要用虚假的方式来自欺欺人。真正欣赏你的人，绝不仅仅只看美颜相机里那个精致到虚假的你。

02

之所以有那么多人不肯以真面目示人，大多是因为把"自己"放在了次要的位置。做真实的自己，说起来容易，其实真的是一件很难的事情。

姑姑家的表姐，由于读研的原因，27 岁的时候，通过相亲认识了现在的男友。可恋爱不到半年，他们就分手了。成年人的爱情，真的如此脆弱吗？我不理解，偷偷打听了几个细节，才恍然大悟。

原来，结婚心切的表姐，早就不是当初那个潇洒自信的模样了。当初的她，可能觉得感情这件事，最重要的是让自己开心。然而现在的她，因为婚姻，变得畏畏缩缩。那个男的说喜欢短发的知性美，表姐二话没说，狠心剪掉了蓄了十几年的长发，还去割了双眼皮。他嫌弃矫情的女生，于是，即便例假来临，她也忍痛陪着他去玩乐。

她的一切都在围绕着他打转，她把原来的自我丢得一干二净，依然没能换来真心实意的爱情。面具这个东西，看似轻盈而光鲜，戴上便不想轻易取下，可一旦戴久了，有一天摘下面具，也许会被那个已经变得陌生的自己吓一跳。台湾女作家伍绮诗在处女作《无声告白》中写道：我们终其一生，就是要摆脱他人的期待，找到真正的自己。

真实的自己，也许不那么光鲜，但却是最让人感到踏实和心安的。如果可以，希望你能不用因为迎合别人的目光而打破那个真实的自己。

03

美丽可以复制，但是智慧不能。当然，除了智慧、善良、单纯、真实、大方等，这些美好品质，一样无法复制。可以改变的，不过是些皮面上的光鲜，褪去那些虚无缥缈的夸赞和机器制造的虚假美丽，最终留下的，才是最值得去打磨的。

所以，你不仅要有一颗成为女神的心，更要拥有与之相匹配的豁达和清晰认知。拎得清生活，看得清自己，即使抛开美颜相机和整容，也能活成自己想要的样子。身体发肤，受之父母，可后天的发展，还得靠你自己。

一个人，学会自尊自爱，是对自己最起码的尊重。真正活得开的人生，从来不会被外界虚伪的称赞和浅薄的诱惑而轻易改变，而是为真实而活，不去因为虚荣去攀比什么，也不去因为嫉妒而诋毁什么。

有个时尚漂亮的美妆博主说过，她从来不会和吃瓜群众一样去嘲笑那些出现在镁光灯下闪闪发光的女明星。她说："知道被人刺痛过的滋味，才明白她们都特别特别努力过，才活得如此靓丽。"那是她们应得的。没有人阻止你变好，除非你自己不想。只是，大多数人都南辕北辙，想要凭借一些虚无的赞美，就撑起一片天。

　　我相信每个被称为"美女"的姑娘，都特别努力过，她们或优雅庄重，或仪态端庄，或妆容精致，否则，仅凭一副看似如花的皮囊，不可能被称为美女。真正的美女，颜值都是附加品。她们的美和优秀，经得住时间的考验，在任何时候，都能脱颖而出。

04

　　董卿是央视的老牌主持人，从 2005 到 2017 年，她主持了整整 13 年春晚，而气质儒雅、受古典文化熏陶的她，表现出的却是超乎常人的淡然。她说过："我永远都没有长大，但我永远都没有停止生长。"

　　记得有一年春节联欢晚会过后，董卿上了两次热搜：一批人追着问她春晚的口红号，一批人搜索她主持《诗词大会》的视频。美与灵魂，女人想拥有的两个关键词，她都占全了。

　　另外，还不得不提刘若英。在百花盛开的娱乐圈里，她就像一股清流，涓涓流淌。别人都在争相夺艳，只有她，不施粉黛，清清爽爽，一条马尾，配一条简单的牛仔裤。她不仅喜欢唱歌，而且喜欢读书、写作，路上看到了书店，她是一定要进去瞧一瞧的。用她自己的话来说，她要与自己的灵魂交谈，把外在的经历，转化为内在的财富。令人过目不忘的优雅气质，让她拥有了最高级的美好。褪去容颜，她们依然拥有最高级的美，属于那个年代，而且被下一个年代惦念、歌颂。

　　这个世界所有的美，都不容易。等量和等价，是公平对等的关系，没有哪一方是为了衬托对方而存在。你足够优秀，人们甘愿记住你，不必谦虚。你足够努力，获得无数掌声，同样也不必慌张。

你不说话，真的有人把你当哑巴

你不言不语，即使你非常优秀。但，那又怎么样呢？

01

社团纳新的时候，荣升为学姐的我也参加了本部门的面试考核。面试之前，我和其中一个学妹已经熟识，并且发展为相知相惜的好友。也就是说，如果她决意来我的部门，绝对没有任何问题。

但她提前告诉我："姐，我要去晨读部，靠我的实力进去。"

我说："好，你加油。"

面试环节，她只简单做了一番自我介绍，然后说出自己晨读的优势：每天不赖床，可以按时晨读。至于她熟读《孟子》《诗经》等国学著作，上午在太阳下帮着社团宣传的事情，或者与我熟识的事情，只字未提。

因为她觉得，晨读的优势已然说出，其他熟人或者读书多等方面倒没必要摆出来，踏实点儿就好。可是万万没想到，其他面试的同学，不仅把自己的优势和盘托出，还把这些年任何和国学有关的看书、画画、汉服、跳舞等技能天花乱坠粉饰了一番。结果就是，面试结束之后，大家只记住了那几个表现活跃、说得最多的人，哪怕有些夸大其词。

学妹很难过，我也不好受。很明显，那些说得多的人，有些内容也确实虚构夸张了。但是后来我们两个都对这个结果进行了一下反思：到底该不该，把自己所谓的优势一五一十展示出来呢？哪怕有点儿夸张的即视感。

反思结果是：要说出来。

人都是感官动物，这话一点都不假。去商场买衣服，我们会根据个人审美去挑选合适的。街道的音响里传来喜欢的音乐，也总会驻足不前。很多公司之所以设置竞选面试的环节，也是这个原因：在对一个人了解甚微的情况下，通过这个人短时间的言谈举止等信息，来判断他与这份工作的合适程度。

其实无可厚非。对于面试官来说，你可以暴露的信息无非就是那几分钟准备的稿子，他们会根据这唯一的凭据，来给你一份恰到好处的答案。不能说完全正确，但是在缺乏更多信息的时候，这份判断也算是比较客观了。

漏洞是免不了的，总有人利用这个契机给自己加戏，但，好的机会，必须是自己争取来的，因为面试本身的存在，一定有它的合理性。这个世界上大部分约定俗成的规则，不管对错程度、合理程度如何，它的存在，总会有其派上用场的地方。

02

我在很小很小的时候，还不懂得表达的重要性，吃亏次数不少。

小学三年级的时候，发生过一件事情，至今想起来仍觉得心痛。有天下午我来到教室，准备上语文课，突然前桌的胖丫头大叫一声："我的语文课本找不到了！"

老师立刻停下讲话，为了防止疏漏，让同桌互相翻抽屉。然后，胖丫头的课本被我同桌翻了出来，在我的抽屉里。

那一刻，我手足无措，但很遗憾的是，懦弱的我当时并没有勇气为自己辩驳，只是迎着所有人的白眼，眼泪大滴大滴地往下掉。回去之后，我哭了整整一个多小时，我妈很生气，对着我吼："你傻吗？书不是你拿的难道不会告诉老师！"

我感到委屈，可那时候就是不明白，为什么会发生这样的事情，而我却连反驳一下的勇气都没有。从那之后我并没有变得很勇敢，而是把所有的委屈和想法，都付诸文字。但我同时也深刻体会到：你不说话，就是有人把你当哑巴。

反正你自己都不说，谁会在乎呢？

03

大多数时候，我们都没有办法好好做自己，甚至不愿意把带着伤的自己展现出来。因为我们总是希望在每个人面前，展现出最好的最充实的自己，哪怕这个自己可能并不真实。

这样听起来，似乎觉得人生充满无奈，但有时我们别无选择。在残酷的现实面前，如果你不愿意背负一些东西，它就会顺手拿走属于你的机会，你不愿意争取，它也不会轻易地施舍。

尤其是，对你我一样的普通人，没有家财万贯，没有倾城容颜，甚至没有任何可以骄傲的资本。自己不去争取的话，就会被人当作一个哑巴忽略掉。哪怕你很优秀。但那又怎么样呢？

04

学妹当时很疑惑的一点是，我已经做得很好了，而他们都在添油加醋啊。

没错，你表现得很优秀，可是亲爱的，除了我和你，大家或多或少都选择性忽略了。我当时告诉她，如果你把上午的表现和自己读过的著作说出来，加分定然不止一点半点。

发光发热的前提是，需要有人看得到，或者在你口中了解到。就像那些说得天花乱坠的同学，不管怎么样，大家都听到了。

成年人的世界，规则太多，很多人更愿意追寻那些显而易见的东西，却很少有人愿意做伯乐，耐心地去寻求良驹。大多数千里马还是需要自己纵横天下，才能获得赞歌。还是那句话，大多数良机，需要自己争取；你的优秀，需要自己展现。

清风傲骨、遗世独立的年代早已经远去。哪怕你拥有炫目的珍珠，如果只藏在罐子里，只能让它黯然褪色。

你明明那么优秀，那么无可挑剔。主动大方表演一段，可好？

你是不是也曾排斥过一眼看穿的人生？

所谓的一眼看穿，不过是失去了生活的底气和勇气，想一辈子安安稳稳地待在舒适区，不愿走出来。

01

姑娘S，宿舍唯一的独生女。

记得开学和她初相识的印象挺不错：声音柔和，举止端正有礼貌。那时候大家各忙各的，有人过着宿舍、教室和食堂三点一线的日子，也有人喜欢出门到处逛，只有S不一样：喜欢在宿舍宅着。

一开始没人在意，后来渐渐发现，原来S喜欢看小白文，就是手机上可以免费下载毫无营养的那种，宿舍看，教室看，吃饭看，睡觉也看。实在不得不学习的时候，别人做什么，她就跟着做什么，从来没有自己的主见。至于吃饭则非常随意，别人吃什么她也跟着。

有人实在看不下去，劝过她："马上期末考试了，你不复习一下？"

S 总是笑眯眯地吐吐舌头，不声不响翻个身，继续看小白文。以至于后来我们都习惯了，再也没人劝她。直到期末考试，宿舍六个人，只有 S 挂了一科。可是补考过后的 S，一如既往地抱着小白文不放，任尔东西南北风。

有舍友打趣：S 姑娘的人生，几乎一眼就看到了底。我笑笑，却在心里默默问自己：到底什么样才是一眼就看穿的人生？

02

记得中学时代，老师总是喜欢把那个千年不变的命题拿出来问：你们将来想做什么职业？

有人说当医生、当老师、当销售经理，也有人说当明星、当歌手。然而，大部分人都吞吞吐吐，欲言又止。大家并不清楚老师口中的未来，到底是什么形状。

印象最深的一个语文老师，40 岁出头的年纪，语重心长地说："告诉你们啊，做什么也不要当老师，这种职业，一眼就看穿了一辈子……"话音刚落，底下唏嘘声一片，而当时的我同样没有理解，一眼就看穿的人生，到底是什么样子。是像老师一样教一辈子书，还是像医生那样救治一辈子病人？又或者是做个风风光光的明星一生积攒无数经历和故事才不会被一眼看穿？

那时并不理解所谓的标准，我只知道，被那个老师灌输了这种思想之后很多年，我都很排斥那些她曾经认为一眼看穿的老师、公务员之类的职业。

直到长大后进入社会，才蓦然发现，这些少年时代莫名排斥的职业，如今已经是成千上万人争抢的铁饭碗、香饽饽。

03

如今才明白，所谓的一眼看穿的人生，其实和职业并没有直接联系，甚至在当今社会，收入稳定的职业反而更吃香。毕业之后，你对父母说要考公务员，他们肯定会欣慰地点头，但如果你说去搞个工作室或创业，大多数父母会反对并担忧不已。原因很简单，他们认为稳定才是硬道理。

一眼看穿的人生不是所谓的职业之别，而更多的是关乎一个人对自己价值的接受程度和认同感，也就是说，你到底愿不愿意、肯不肯用自己的努力，去打造一个精彩的人生。

所谓的一眼看穿，不过是失去了生活的勇气和底气，想一辈子安安稳稳地待在舒适区，不愿走出来。

大家之所以会对 S 姑娘做出那样的评判，很大程度上也是出于这个原因：毫无主见，漫无目的，颓丧地混在一个圈子里，沉迷舒适无法自拔。一直求稳求舒适求不变的生活，才会沦落为一眼看穿的人生，和职业无关。

哪怕你从事普通职业，一样有机会通过旅行、通过不断学习等各种经历来丰富自己的人生体验，提高自己的生活质量和人格魅力，那时候，便没有人可以通过简单的一眼，来评定你的人生。

04

《欢乐颂》里王柏川和樊胜美闹矛盾时，安迪曾对他说过一句话："在那些没有信心靠自己的奋斗找到前途的人们当中，你很难找到独立的精神和坚强的个性。"的确，人生靠自己打拼奋斗，是一种本事，而愿不愿意去做，则是一种随心的选择。

任何愿意靠自己的努力打拼出一片天地的人，人生体验都不会差，正如同他们自身经历的那样，他们的人生丰富到无法用世俗的标准来衡量。

人生能不能一眼看穿，全靠自己说了算。换一种说法，也就是相信自己，作为人的力量。曾经看过很多故事，也被那些天道酬勤的励志鸡汤打动过，但到最后，拼不拼，仍然要靠自己。

践行之路，从无坦途。内心常驻怎样的追求，愿意为此付出多大的代价和努力，决定了你将会经营怎样的人生。是一眼看穿，还是丰富到可以流芳百世，故事多到用一生也说不完，完全由你自己决定。

人生的摆渡人，唯有你自己。若你排斥一眼看穿的人生，那便努力摆渡人生，行路越远，眼睛里装的风景越多，人生的体验也就越精彩。

孤独才是人生的常态

不要为了所谓的合群，牺牲自己的时间和爱好，有些事情，或许真的不适合你。

01

"我是真的很讨厌孤独，一个人吃饭，一个人自习，一个人去打点滴，在三两成群的嘻哈世界里，活得像条狗。"从深夜十点的自习室，踏着昏黄的路灯影长出来，豆丁给我发来微信，"可你知道吗？比起孤独，我更讨厌辜负自己。"

彼时的我，正趴在被窝里翻看喜欢的小说，看完豆丁的消息，竟然有些说不出来的心酸。我想起了大一那年，我也曾经像她一样，过着骄傲且孤单的日子。可是不可否认，如今所有知识和能力的累积，统统来自那个时期的沉淀。

简单点讲，那是一段无人知晓的蛰伏期。

听豆丁讲过她的一个小故事：某个阳光正好的周末，舍友约好一起去海边踏浪，她们叫上了宿舍的所有姑娘，除了豆丁。

大家都知道的，平时有什么活动，豆丁都会选择悄然退出，然后一个人在狂欢声远去的时候，背起书包去图书馆看书。于是，大部分时候，她被塑造成了一个孤独者。

很多人喜欢热闹，喜欢群居，在此起彼伏的聊天声里，才可以寻找彼此的依靠，得到一个存在的理由。不因话题不同而被排斥，不因思想不同而被孤立，即便信誓旦旦地说要减肥，在一次美食如林的宴席上，依然会选择酣畅淋漓，大快朵颐。

人们兴高采烈地把这种状态，称为合群。

同样的道理，那些不能融入话题、自行屏蔽在集体之外的人，往往被冠以高冷、不合群、自视清高的帽子。

如今，豆丁很"荣幸"地被戴上了这顶帽子。

02

我也喜欢热闹，喜欢活泼又有趣的社交。坦白讲，人就是群居动物，很少有人愿意独自在这个繁芜丛杂的社会上闯荡。可是，你应该明白，有些路只能一个人走，有些苦只能一个人扛。

在大学，三五成群，派对唱歌，海边踏浪，都是快乐无比的事情，好朋友有空一起聚会游戏，也是娱乐所需。但前提是，你不能耗费自己大量的时间去做无意义的事情。人生的每个阶段，都会面临着需要解决的事情和需要提升的空间。

比如，答应自己每周看完一本书，背完200个单词，哪怕只是看完两三部电影，也要说到做到。

记得有一次，我因为拉不下面子去参加了一次无聊的聚会，因为耽误了时间，半夜两点多才把竞赛所需要的 PPT 赶完，那一刻，心里十分不爽。那件事之后，我便不愿在违心的情况下去做"合群"的事情了。我们讨厌孤独，所以去拥抱所谓的热闹，但却不能因此而辜负未来。比起合群，我们更需要对那个怀抱梦想的自己负责。

每个人都有自己的生活方式，不必为了跟上别人的节奏而乱了自己的节拍。有时候你所谓的合群，不过是浪费时间。如果不快乐，那就别去委屈自己，有些事情，或许真的不适合你。

03

在大学，你要学会的第一件事，就是要适应孤独。

记得有个华师大毕业的学姐曾经说过："我在名校读书最大的感受，是这里的人其实都很享受独处。"他们之所以觉得享受，是因为他们从来不觉得一个人吃饭读书，是什么丢人或者孤单的事情。比起合群，他们更在意对自己的提升，时间对每个人都是一样的，聪明的人，往往可以把时间利用到最大程度。

刘同在《你的孤独，虽败犹荣》里曾写道："不合群是表面的孤独，合群了才是内心的孤独。"人们口中的孤独，其实是一种主观感受：你自己觉得自己可怜了，自然是形单影只的样子，但其实呢，每个人都很忙，根本没有人会在乎，你是否孤独。

反而是三五成群的结伴，做事的时候，颇有些麻烦。出门你要考虑 A 同学吃饭特别慢，可能 B 同学还想去顺路排队买杯奶茶，C 同学快递到了，问你能不能陪她去拿……这还不算完，回到宿舍，她们可能还要组个队玩网络游戏：喂，要不要一起刷排位？你拉不下面子，就得牺牲睡眠和读书的时间。可到头来，仍旧一无所获，何必呢？

贺伊曼有句话特别好：孤独是关上灯，与发光的灵魂为伴。你是一个人没有错，可孤独却包含了太多人生的内涵。林语堂曾把孤独拆解开来："孤独这两个字拆开看，有小孩有水果，有走兽有蚊蝇，足以撑起一个盛夏傍晚的巷子口，人情味十足。稚儿擎瓜柳棚下，细犬逐蝶窄巷中，人间繁华多笑语，唯我空余两鬓风。水果小孩走兽蚊蝇当然热闹，可那都与你无关，这就是孤独。"

孤独是人生的常态，是一个人必须要接受并且允许它伴随终生的常态。

04

提起大学，这里应该是理想和梦想放飞的殿堂，也是实现自我、塑造人格的好地方，更是形成世界观人生观价值观、通往社会的必经之路。同时，也是我们从青涩稚嫩到成熟稳重的一个跳板，其重要性不言而喻。

我们在大学最应该做的，是花时间投资自己。合群这件事，也不用太刻意地去关注，只要没有损失过多精力，多交几个真心投缘的朋友，绝对没坏处。至于那些为了面子曲意迎合的低质量社交，希望你尽早放弃。

你的气质里，藏着你读过的书、爱过的人和走过的路。而这些东西，都需要你用心去经营，用努力和时间去换取。刘瑜说：一个人，也要活成一支队伍。

孤，是一种心态，而独，只是一种状态。一个人的时候，真的没有想象中那么不堪，反而是独处的时间，才是一个人灵感和思维迸发的最佳时机。

只要保持良好的心态，独处的时光，就是你潜力发挥的沉淀期。一个人和生活较量，一个人和世界抗衡，当你独立又自律，强大到不用让自己将就，更不用通过别人的关心寻求安慰，不也很好吗？

头顶繁星，向阳而生

这个世界很多面，太较真，容易拼得血肉模糊，太放纵，又容易茫然失衡。

不过你必须得用点儿力，才有机会窥探到它本来的样子，尽管夹杂了些许失望。

01

上大一那年，我过得浑浑噩噩，压根儿没注意过未来是圆还是方，豪言壮语说过不少，可都随着鬼魅般神秘的时光流逝了。

一味地游离、颓丧，顶着无所谓的态度，日日过着歌舞升平的日子。

不过说真的，那一年，生活干瘪得挤不出一滴水。

自习室、图书馆没泡过几回，期末考试突击几天倒也能拿个不错的成绩；旅行没去过几次，基本就是徒步溜达到海边，吹吹风，跟舍友嘶吼几声；书没看过几本，书包倒是挺重，里面装的专业课本都是崭新崭新的，封面新得发亮。

到头来，奖学金拿不到，三好生评不到，学识渊博的导师也没认识几个。而我还自作多情地告慰自己：没关系，你已经很努力了。

那时候勇气比天高，总标榜"海阔凭鱼跃，天高任鸟飞"，可并没意识到，自己其实是一只缺鳞的鱼，抑或是一只断翅的鸟儿。

遇到琳的时候，我还在和一群人张牙舞爪地大笑，肆无忌惮地谈天说地。后来琳说，她是因为看我空间的文章，才产生了想和我做朋友的想法。

她觉得，能写出这样扣人心弦的文字，主人的思想一定非常人那么简单。

说这话的时候，我和琳正面对面在校园门口的奶茶店里向阳而坐，为了掩饰突如其来的不安和慌乱，我赶紧把头埋了下去，大口大口地喝奶茶。

02

琳说，她很羡慕我多彩的生活。

我有些哑然，对着她轻轻挑眉一笑："一起去海边？"

琳的脸上划过一丝平静而淡然的微笑："好啊。"

看不出潮起潮落的沧桑，只道是寻常的表情。

其实平时我自己去的时候，都会带上一枚硬币，挤上摩肩接踵的公交车，在呼吸和嘈杂交织的人流中单足而立，听着报时器里各种无关痛痒的广告。好容易挨到下车，往往还热出一身汗。

而这次，我付钱打了出租车，一副轻车熟路的样子，带着琳坐了上去：

我还不想在琳面前，把那个赤裸裸的自己暴露得太早。

她哪里知道，我有多羡慕把生活规划得井井有条的她。哪像我，干什么都一塌糊涂。

海域的美景总是天然无害的，哪管你摇摇晃晃地蹉跎时光，还是紧锣密鼓地进军未来，它永远那么与世无争，该澎湃时澎湃，该平静时平静。

一下车，我就挽起裤腿儿兴冲冲地跑过去，琳站在远处微笑着看我，海风吹拂着她的长发，像一位与世无争的仙子。

而我，似乎在这纷纷扰扰的烟火气里，滚了一身疲惫，却愈发陶醉。

琳仿佛在说：看吧，你的样子才是青春该有的，多精彩！

但又好像不是。

我在清凉的海水里欢快地趟来趟去时，琳一直静静地坐在沙滩上看着我，有时候也会瞧瞧远方的海平线。那种眼神里有一种说不出来的感觉，就好像一个渔人在看小孩子玩耍，孩子玩得开心，渔人看得有滋有味。只不过，两个人的快乐不一样。

我一直以为，琳是天生的忧郁少女，带着与生俱来的灰色气质，淡淡的，让人忍不住好奇，她到底是一个怎样的姑娘。

虽然平时嬉皮笑脸惯了，但我也知道"距离产生美"这种原则性的问题，更何况，我们还没到相视莫逆的地步，所以我并没有对琳多问什么。

03

后来，我和琳渐渐熟络起来，吃饭逛街也不像以前那么拘谨了。

可偏偏不巧，琳赶上了我最落寞的日子。那段时间，我感情上出了问题，各种考试猝不及防地朝我砸过来，面前的烂摊子堆成了山。

我一改往日无所谓"走着笑着闯江湖"的态度，整日郁郁寡欢。

我甚至不止一次在深夜想过：我的人生就活该这么没劲？

还是琳察觉到了我的不对劲，她以带我去散心为借口，把我带到了我们第一次去的海边，还买了酒。

傍晚的海边，行人大多逃之夭夭了，只剩下吹不尽的海风和凌乱不堪的愁绪。

琳小心翼翼地把东西摆好，然后把酒统统起了盖。

我举起一瓶酒一饮而尽，然后紧接着，眼泪就下来了。

"琳，你说，我这过的是什么日子啊！我又不是真的没心没肺，我也对这个世界很在乎啊！"

我知道，我没办法在琳面前再用"无所谓"掩饰自己了。

琳不说话。

我就那么对着她哭，哭得一把鼻涕一把泪，蓦然发现，自己原来这么久没对一个人如此赤裸相待过了。

许久，琳慢慢拿起来一瓶酒，"咕噜咕噜"地喝了下去。

"凉，你知道吗？其实，我们两个挺相似的。"琳红着眼睛对我说。

我停止哭泣，听着琳慢慢说下去。突然有种不可名状的预感，琳一定是个有故事的人，而且绝对不是天生忧郁那么简单。

04

琳慢慢地开始讲她的故事：

我曾经，也是个不务正业的少女。顶着一头蓬松的金发，整天就知道逛商场，买名牌，晃马路，有时候还和一群朋友去酒吧通宵唱歌，这样的日子，好不自在。

直到有一天，我遇到了林，没错，和我的名字相似。

更不可思议的是，林的爸爸竟然是我爸的同事，不过，我以前怎么不知道还有机会认识这么优秀的男孩子呢。

林是个高高瘦瘦的男生，就是那种小说里穿着纯白 T 恤都能吸引一群迷妹的男生，清秀无比，更夸张的，还是个学霸。

我感觉，我可能爱上他了，于是火急火燎地去找他表白。

很自然地，我被拒绝了，因为林不喜欢我这样整日浑浑噩噩、疯疯癫癫的人，他喜欢学习好、温柔乖巧的女孩子。

我第一次尝到了被人拒绝的滋味，把自己关在屋子里三天都没出来。

不就是学习好吗？你等着。

我那时候抱着不甘示弱的心，准备拼死拼活地和学习大干一场，可真正实践起来才发现，太难了。

这些年，我丢掉的东西太多了，不仅仅是学习的能力，还包括好好哭、好好笑、好好倾听、好好感受生活的能力。

你知道的，即使是学渣，真要努力和这个世界抗一抗，总不至于被它抛弃。

考上大学的那天，我爸喜极而泣，他说，要给我办一场风风火火的升学宴。

可是，就是这场欢欢喜喜的宴会，竟然出了事。

林的爸爸也来参加了酒宴，我跟着爸爸挨个儿给客人敬酒，到他的时候，大概是因为林考得特别棒，林爸忍不住多喝了两杯。

那时候我还在心里抱怨，为什么林没有来。

下午送完客人，我和妈妈心力交瘁，回到家刚舒了一口气，就接到了我爸打来的电话，说他去了医院。

我脑子一懵，急忙把电话夺过来，那是我爸的声音没错，可他说的话，却彻底击垮了我。

他说："林的爸爸出事了，回去的路上出了车祸，早知道这样当时就送送他了，唉……"

电话那头传来一声长长的叹息，然后挂掉了。

我差点当场晕过去。那天晚上我哭了好久，哭到没力气了，才昏昏地睡了过去。

05

琳说："凉，不管你信不信，那天晚上，我梦见林叔叔了，他一直对我笑，也不说话。

"第二天就接到电话，他去世了。"

琳说这话的时候，已经看不出眼睛里的悲喜，仿佛在讲别人的故事，那么云淡风轻。

我哭不出来了，也没勇气笑，表情尴尬，话语哽塞。

"你知道吗？那种感觉就好像，是我杀了一个人，虽然法律鉴定和我们无关，但从那天开始，我再也不可能和林有交集了。"

她的泪终于顺着脸颊汹涌地翻滚，面前，是同样波涛汹涌的大海。

仿佛海风再怎么吹，也比不过海浪来得猛烈。

那就再猛烈些吧，我想。反正，又翻不出来另一个精美的世界：那个既不属于我，也不属于琳的世界。

我呆呆地抱着琳，说不出话。

谁说生活，曾经亏待我了呢？那琳的生活，又算什么呢？

我终于知道，琳为什么那么小心地规划生活，努力活得井然有序了：她只是害怕再次受伤，曾经太较真了，太用力了，以至于拼了个血肉模糊。

原来她的头顶上，顶了一片繁星，一个人在漫无边际的黑夜里踽踽独行。

我忽然感觉到，那种干瘪的挤不出水的日子，或许该结束了。

06

　　这个世界真的很多面，太较真，容易拼得血肉模糊，太放纵，又容易茫然失衡。

　　很少有人可以窥探到它本来的样子，很多人都是迷路者。

　　琳已经窥探到了，我还没有。所以才会在那些干瘪无趣的日子里活得风生水起，似一石可以激起千层浪。但回头瞧瞧才发现，其实一无所有。

　　那天回来之后，我竟然一反常态地没有喝醉，而是把书架上的书一本本拿下来，整理到半夜。

　　第二天，我又去图书馆占了座，放上了大大小小的专业课本：那是曾经一度让我头疼欲裂的东西。

　　我差点就放弃了，曾经天真地以为，头顶上顶着的繁星，可以一直照亮前行的路，既然如此，还有什么好探索的呀？

　　的确，没什么好深究的。生活就是如此跌跌撞撞，不可预料，说不定什么时候风平浪静，也说不定哪一天就波涛汹涌。

　　谁知道呢？但是有一点必须承认：你不用力一点儿，真的没有机会窥探到它本来的样子——尽然夹杂了些许失望。但是你相信吗？一路走下去，繁星终会消失，你会看见太阳的。就像海边的日出那么美，那么迷人。

　　生活很残酷，愿你我都拥有"头顶繁星，脚底生风"的勇气，一步一步，向阳而生。

假装很努力，最后辜负的是自己 3

总有优秀的同龄人，过着你想要的生活

最可悲的是，你和所谓的同龄人之间，只剩下年龄相同。

01

不管此刻你在干什么，停下手中的活，思考一下，自己究竟在过着怎样的生活。然后扪心自问：这是不是我想要的？如果不是，到底有没有能力去改变现状？能改变到什么程度？

有人做过一项调查，大多数年轻人，对自己的现状并不满意。我们都是在成长，可是成长的质量却在悄然发生变化，不知不觉中，越来越多的年轻人对于现状或多或少感觉到失望和迷茫。

6岁的时候，你在游戏机面前忘乎所以地"打打杀杀"，玩得不亦乐乎，你觉得自己还小，多玩点没关系；16岁的时候，你在校园里无所事事，抱怨学习无趣，甚至打架泡吧，你在内心深处依然对自己说没关系；26岁的时候，你在马路上茫然无措地游荡，回家伸手朝着年迈的父母要钱，仍毫无

愧疚之心……那36岁，46岁，56岁的时候呢？你又该在哪里流浪，才不至于在恐慌骤升的夜晚无处安放呢？

那么二十多岁，究竟该活成什么样子？停下来认真想一想，现在的自己以及现在的工作真的达到了我们所期望企及的高度了吗？日复一日地重复着单调或不喜欢的工作，还是一天比一天有进步、有收获？

就算我们不用和任何人比，我们都不能输给自己。和别人比来比去是相当痛苦的，而如果连和自己比的勇气都没有，那是懦弱的。人在很大的程度上，最愿意接受的敌人其实是自己，一个人越来越强的时候，才能清晰地看到自己的成长，才能清醒地意识到自己的能力，也会变得越来越有自信，逐渐爱上现在的自己。

更何况，真的有那么多同龄人，在过着我们想要的生活。既可以朝九晚五，又能够遍览风景，能够负担自己应该负担的，又能够追求自己心心念念的，活得自由而富有尊严。

02

记得我刚进大学的时候，认识了一个比我大一届的学姐，她面容姣好，姿态优雅，衣着光鲜，完全像是一个高薪白领。其实也只是萍水相逢而已，可是在朋友圈里，我逐渐了解到她的生活。

有一天看到她在朋友圈发了一条动态，上面是她在某个知名策划公司的实习证明，还有老板的赞扬，夸她实习不到三个月就业绩惊人，做到了直属部门组长，奖金拿到手软，丝毫看不出是一个在校大学生的业绩。

除此之外，她还曾经身着正装参加公司总结演讲，带领小组进行团队出行，多次出入高档晚会……有些人可能以为，那不过是炫耀罢了，可是如果真的给你同样的机会，你能保证自己做到这个女孩的成绩吗？

那些依靠辛苦和奋斗得来的果实，算不得炫耀。生活本就如此，你拥有多少资本和实力，就会收获多少光环和赞扬。有人曾说：当你年薪百万甚至千万的时候，你就会觉得那些背着名牌包、开着超跑四处旅行的同龄人并不是在炫耀。因为那就是他们实实在在的日常生活。

相比之下，有些人一手喝着冰可乐，一手拿着手机打游戏，或者窝在黑漆漆的宿舍追剧，也叫生活。大家都是二十多岁，可以勉强以"品味""追求"等不同混过去，没必要太苛求。但遗憾的是，时间一长，你们的年龄相同，实力却差了不止几条街。

03

反观回来，那个26岁还在啃老的无业青年，因为父亲拒绝给他5000元钱准备喝药自尽，确实丢了好多26岁青年人的脸。有人说，是因为他的单亲家庭缺乏理性教育造成的，还有人说发生这种事是青年一代不可避免的悲哀，也有人说是他自己缺乏独立的能力，懒惰成性……原因当然有很多，但最重要的，还是他自己思想和能力的匮乏，导致了这场无厘头的闹剧发生。

不过，这样的事情毕竟是个例，大多数 26 岁的人都已经有了稳定的工作或者自己小小的事业，日子过得风生水起。

同龄人之间，总有各式各样的差距，我们无须去羡慕或嫉妒别人的成绩，我们要做的，是给自己一个不用和别人作比较的理由，而这个理由，就是在什么年龄活出什么样子，拿出生活的底气。至少，不该在该奋斗的年纪选择了安逸，因为那样不用和同龄人作对比，自己也会嫌弃自己。

04

蔡康永说："15 岁觉得游泳难，放弃游泳，到 18 岁遇到一个你喜欢的人约你去游泳，你只好说'我不会耶'。18 岁觉得英文难，放弃英文，28 岁出现一个很棒但要会英文的工作，你只好说'我不会耶'。"

在每个年龄都有无数件事情让你觉得太麻烦，懒得学，懒得做，懒得争，可是，总会有那么多同龄人，愿意接受你做不到的事情。他们时刻准备好接受挑战，也时时刻刻把你心心念念的美好照单全收。

面试的时候，总有人比你口才好，也总有人比你善于交际，甚至比你的简历更加优秀；聚会的时候，总有人坦然面对所有故人侃侃而谈；同样的年龄，总有人抢先一步坐上人生的头等舱。

而你，却只能羡慕着他们，甚至连昂首把握机会的勇气都没有。同样的时间和机遇下，最可悲的莫过于，你和所谓的同龄人之间，只剩下年龄相同。

以前玩得挺嗨，后来过得挺衰。不要等到讨厌自己的时候，才去着手改变，已为时太晚。因为你的同龄人，已经不知跑了多远，远到你想追赶已来不及。而回首一看，你已经不是当初那个二十多岁的自己了。

大学期末考试，听说你也在图书馆通宵

"其实，你只是假装很努力而已。"这句话对于很多大学生来说，可谓一刀戳心。

01

因为距离的缘故，除了借书，我很少去图书馆学习。没课的时候，就抱着书包去自习室待着。对我来讲，只要有一个安静的学习环境，在哪里学习都是一样的，然而，临近期末备考时，自习室骤然爆满了。

楼道口、楼梯上、天台下，包括大厅里的公共沙发都异常拥挤，无奈之下，我只好去图书馆碰运气。这一来不要紧，着实被吓了一跳，和平时冷冷清清的场面大不相同，门口的大楼梯和饮水机前都挤满了人，更不用说各个图书室和自习室，座位肯定早就被抢完了。

吸取了教训，第二天早上，我顶着惺忪睡眼就匆匆赶了过来，可怕的是，发现人家根本没走，整夜灯火通明地学习。

这让刚刚在睡梦中游离的我，有些发慌：别人通宵学，而你漫不经心，别说奖学金，不挂科就谢天谢地了。

然而，朋友的一通抱怨电话，让我有点吃惊。她是中文系的学霸，异常用功，在期末这个节骨眼儿上更是拼命。她说，昨晚在图书馆通宵，复习得很差劲，因为旁边一直有个人在打游戏，时不时发出笑声，深更半夜，也没管理员来管。

打游戏？敢情通宵不是复习，而是玩乐啊！

突然有些理解了平时图书馆的冷冷清清，为了证明这个想法，我特意又去了一趟。密密麻麻的复习大军依然爆满，可是，当我真正走近的时候，却发现了异样：很多人只是把复习资料摆在那里，资料上面，放着手机，我心里默默说着抱歉，在走过他们时偷偷扫了一眼，却发现手机页面上清一色的游戏、抖音、微博……

真正静心学习的，竟然寥寥无几。

02

大学期末考试，不知道有多少大学生，都在假装努力。抱着厚厚的一摞书，辛辛苦苦抢到了座位，好容易安静下来，第一件事是：先玩会手机。然后，说好的十分钟，淘宝一逛，微博一刷，好友一聊，变成了一小时，甚至更久。

一上午的复习时间，就在自我安慰中虚度过去，这种现象绝对不是个例。对于大学生来说，手机的诱惑真的太大了。

前段时间有个很火的实验，让七个年轻人把手机调成静音，20 分钟不能碰手机，坚持住即为过关。接下来的 20 分钟，每一秒都是煎熬，七个人全程没有一丝笑容。结束之后进行采访，他们的普遍反应是：太痛苦了，内心崩溃……手机的魔力有多大，不言而喻。

但是，这种效率极低的学习方式，最后辜负的只能是自己。重要的从来不是学习花了多长时间，而是有效学习的时间有多久，所谓"有效学习时间"，就是减去刷手机、走神、瞌睡，真正用心复习的时间。

很多人觉得没什么，反正期末考试不挂科就行，也没必要太认真，敷衍了事。所以大部分人都是：一学期下来课没听过几次，期末考试临时突击，考个还不错的成绩，新学期一开始，之前学的全部清零。甚至，毕业的时候，连最基本的专业名词都说不出几个。

通宵复习，看起来似乎特别励志，其实，不过是为了拯救那颗颓丧至极的虚荣心罢了。真正的学习，从来不是靠一天两天的突击，而是聚沙成塔、滴水穿石的努力。

而好运，也往往更加青睐那些坚持付出，打持久战的人，因为他们的实力才是真的雄厚。

03

学习这件事，骗别人可以，但骗不了自己。不需要拼尽全力，但一定要对得起自己。考上北大的女孩王心仪写了一篇火遍网络的文章《感谢贫穷》，她讲述自己虽然出身贫困，但是依然以 707 分的好成绩考上了北大。

这让我想起多年前的一篇文章：《你凭什么上北大》，作者是贺舒婷。能考上北大的人，没有哪一个不是拼了命，对于王心仪省去的这一部分，贺舒婷则给出了答案。

学生时代，也是她让我第一次见识到，什么才是真正的努力学习：

"我表现得无比耐心沉稳，踏实得像头老黄牛，高中五本历史书我翻来覆去背了整整六遍，当你把一本书也背上六遍的时候你就知道那是什么感觉了，边背边掉眼泪……"

真正的付出，都是伴着苦涩和血泪的，没有哪一份大奖，可以手到擒来。贺舒婷没有强调贫穷的力量，她告诉我们只有真正的努力才能创造奇迹。有句话说得好：最悲哀的，莫过于你辜负了曾经受过的苦难，也配不上自己的野心。

曾经发誓要做个了不起的人，后来却因为自己的缘故，只能做个普通人，多可悲。不是做普通人不好，而是你明明可以多跳几个台阶的，却抬头看了看遥远的顶峰，摆摆手摇摇头：算了算了，反正我也上不去了。可能你捧着手机傻乐的间隙，别人已经悄然冲向了山顶。

很敬佩那些可以抱着复习资料几个小时不声不响的人，即便把手机放在他们面前，也不为所动。这种人具备一种美好的品质，那就是自制力。他们清楚自己真正想要的，也明白假装努力的结局必然也不会美好。当你还在强迫自己多看几页书时，他们已经高效地看完了所有的资料，不慌不乱，淡定如常。

坦白讲，很多故事背后的辛苦，都是不为人知的，而不动声色的努力，胜过一切鲜衣怒马。

04

大学的学习，不同于高中，那个时候有人逼有人催，而大学只能靠自觉。这也是很多人大呼失去学习能力的原因，事实上，并非能力丧失，而是自控力太差。

但你也必须清楚一点，大学时期，或许正是一生的学习黄金期——一旦错过就不再。除了不挂科，你总得想点别的，不用证书奖学金拿到手软，至少付出的努力让自己心安：踏踏实实看得见，不敷衍，不逃避，不亏欠。人生没有白走的路，每一步都算数。当然，换句话说：欠的都要还。所以，千万不要用你现在的假装努力，敷衍自己的未来，因为赌不起。

不管是期末考，还是毕业考，所有知识的积淀，都会在未来的某一天，以一种特别的方式返还给你。或许在职场，或许在婚姻，或许在年老时的回忆日记里。

多希望有一天，你可以暗自庆幸，感谢当初拼命努力的自己，打造了一段无悔的生命历程。

终于，此生无憾。

如果没人护你周全，那就坚强到没有软肋

成长就是一副洒洒脱脱、不动声色的模样，在你出色之前，没有人会在意你的彷徨。

一个人的时候，必须坚强起来。

01

昨天不经意刷动态的时候，手指停留在了一个长长的书单图片上：是好友林东发的。很久没联系了，可是依然难以抹去，林东那种仿佛与生俱来的学霸气息：整整五十多本书，不到一年的时间，全部看完。

高中的时候，林东是隔壁班的学霸，永远霸占着文科班的年级第一，高考不负众望，去了北京最好的财经大学。可是同学们永远只看得见他笑容满面地走过人群和埋头读书的样子，却很少有人真正了解他。

初三那年，林东的爸爸因工伤离世了。知道这个消息那

天，林东一个人跑到野外，待了整整一夜，他知道从此以后，再也不会有人全心护他周全了。

林东掏心窝地给我讲这些的时候，我有点恍然，胸口一疼，像被什么莫名的东西击中，原来他看似不动声色的成长背后却存在着伤痕和痛苦。

那就坚强到没有软肋吧，我在心里轻轻回答他。

02

人总是在经历某些不知名的伤痛之后，才愿意扒开自己的躯壳，坦然面对那颗或血迹斑斑或彷徨不安的心。

但很多时候，人总是喜欢用现世的安稳来欺骗自己。反正未来还很远，反正有父母家人的陪伴，反正朋友不会轻易说再见，反正这个世界不会那么灰头土脸。

但令人难过的是，随着时光的流失，这一切都会悄然发生。骗不了别人，同样骗不了自己。

林东在那次事故之前，一直是个开朗活泼、没心没肺的男孩，很难把他想象成一个成熟的人。

后来他说，命运很公平，把成年人该经历的伤痛，提前赐予了他，才有了今天成绩斐然的林东。

说得我一阵心酸。可是现实就是这样，我们喜欢在风调雨顺的年纪漫步人生路，高歌着"何妨吟啸且徐行""一蓑烟雨任平生"，可只有发现世界上仅剩下自己的时候，才开始擦亮眼睛一步一个脚印慢慢上路。

还好扬鞭启程，为时不晚。

03

记得大学有一年元旦假期，和闺蜜一起去做兼职。那几天天气冷得不像话，裹着厚重的围巾和大衣也无济于事，路人一拨一拨匆匆走过，很少有人伸出手，接一下我们手中那张无足轻重的纸。

当时觉得很委屈，在寒风中整整站了一天，也没有几个人微笑着过来捧个场，大部分都是嫌弃地走过去，还有的送来几个白眼。

晚上回去的时候，两条腿已经冻得发颤。可能那时候太过矫情，对自己也没什么信心，坐在灯火通明、一路疾驰的公交车上，我竟然没出息地哭出了声。

回到宿舍，我接到了妈妈的电话。

"妈，我今天去发传单了，一天80块呢！"我的语气轻快起来，好像赚到了什么大钱。

我妈很开心，她说我懂得珍惜父母的劳动是好事，但是不要苦了自己，她会心疼。

我强忍着因为哽咽而发紧的喉咙，努力对着电话"嗯"了一声。我知道，已经离家这么远，本就不能陪在她身边，再多的苦水，只能自己往下吞咽。

妈妈再爱我，也不能像个如影随形的天使时时刻刻护我周全。一个人的时候，必须坚强起来。

04

有句话很经典：这世界唯有一条路不能拒绝，那就是成长。无法改变，也拒绝不了，而且，成长终究是一个人的事情。

没错，没有人护你周全的时候，便是你磨练自己最好的时刻。一个人与生活较量，一个人与世界抗争，做着所有人看不到的工作，吃着亲朋好友看不到的苦。

独立又自律，不去依赖任何人，也不必苟延残喘，将自己磨炼到可以面对风风雨雨，也强大到没有软肋。

成长就是一副洒洒脱脱、不动声色的模样，在你出色之前，没有人会在意你的彷徨。或许你正躲在一间昏暗的小屋里，手头放着简约的白色文件，窗外是唯一看得出色彩的天；或许你正挤在城市的地铁里，面前是一张张焦躁又陌生的脸；或许你正藏在某个阳光正好的午后，享受着一周以来难得轻松的一次小憩。

你红着双眼：一个人，真的好难。平凡人有一种疲倦和心酸：没有家财万贯，没有倾城容颜，没有退路，只能挺住，不想早早服了输，又不想从此绝迹江湖。

有多少次想走下去，就有多少次想放弃，纵使无数个力不从心的暗夜过后，第二天依旧朝着生活微笑。只是心里默念着：本该放肆的年纪，真正的珍惜，是踏踏实实去做自己该做的事。

那就坚持住，因为一个人，真的也可以活得很酷很酷。没人护你周全，那就坚强到没有软肋。这个世界，扛得住，就是你的。

如果脱单太难，那我劝你赚钱

爱情和爱钱，两者都不丢人，但如果脱单太难，那我还是劝你先赚钱。

01

有人说单身很惨，一个人，往往伴随着难以排遣的孤独，譬如独自一人醉酒当歌，除了清风和明月，再无其他陪伴。

还有人说，最惨的是单身，还没钱。

很多人都喜欢把脱单挂在嘴边，好像找到一个男朋友或者女朋友，就是一件至尊光荣的事情，甚至还有人，把经济来源押到另一半身上。但其实，与单身的那点儿孤独寂寞相比，不够成熟的爱情，也不见得好到哪里去。

"姐，我失恋了。"

五一假期结束的那天，我兴冲冲地去车站接学妹灵灵，却等来让人如此震惊的一句话。学妹明明刚刚脱单不到一个月，我依稀记得当初她发朋友圈秀恩爱的甜蜜。

　　爱情本身，毋庸置疑，就是一件危险品。我们对它的渴望度和期望值越高，最后受伤的程度，可能会越深。听过这样一句话：听闻爱情，十人九悲，谁先认真，谁就输了。在三观、阅历统统不够成熟的年纪，对于爱情，更要保持理性的态度，谨慎去选择。

　　而单身也未必是一件坏事，一个人的时候，恰恰是最好的增值期，我们依然有很多事情可以去做。比如赚钱。如果没有爱，那就去赚很多很多钱，至少在某天爱情突然离去的时候，可以底气十足地、大方潇洒地和那个人说再见。

02

　　先谋生，再谋爱，这话一点儿都不假。

　　讲讲我自己吧，我之前特别穷的时候，也和很多人一样，对爱情抱有百分百的完满期待。我甚至期待有一个人，可以把我从那种又穷又缺爱的绝境里拯救出来，像小说里写的那样："我一生渴望被人收藏好，妥善安放，细心保存，免我惊，免我苦，免我四下流离，免我无枝可依。"

　　但当时的我却天真地忽略了后半句：那人，我知，我一直知，他永不会来。

　　然后，我用微薄的生活费谈了一场非常不确定的恋爱。当时的我丢下了一个女孩子的骄傲和矜持，去追了那个很喜欢的人。偶尔他会说起新出的手机壳真好看啊，我会立马拿出钱：买。一起吃饭也是，因为太喜欢对方，不舍得让他吊胃口，不舍得让他花钱，于是，一个人对着上百元的自助餐账单巧笑嫣然，坦然自若。

事实上，我感觉那个时刻的自己穷酸极了，明明穷都写到脸上了，还要装出一副很有钱的模样。

遗憾的是，这份一厢情愿始于喜欢，终于太喜欢。后来他还是狠心和我分手了。

分手的理由，场景种种，我统统不记得了，不过很清楚的是，那次之后，我是真的害怕了。一是对爱情的恐惧，二是对穷的厌弃。没钱还没爱的样子，真的太狼狈了。

03

我是什么时候发现赚钱这件事很重要呢，大概就是那次失恋之后。还有一次，是我和朋友去逛商场。当时看到了一家装潢精致的服装店，我们想都没想就进去了，然后，我朋友看中了一件异常漂亮的白衬衫。

"请问，这件衣服多少钱？"因为没翻到标价牌，我随口问了问旁边的服务员。

没想到，对方不仅没有热情地解答，反而用眼角余光瞥了我们一眼，冷冷地说："你们买不起。"

"你……"我刚想理论，被朋友硬拉了出来。

"行了，我们确实买不起。"朋友苦笑着耸耸肩，无奈地说道。

那天，确确实实刺激到我了。原来，一个人没钱的时候，穷是写在脸上的。就像月入 2000 元的上班族们，哪怕你省吃俭用买了一个名牌包包背上，但很遗憾，这个造化弄人的世界，依然看得见你的可怜。

之前，我都觉得没什么，穷一点儿没什么，至少我还可以期待爱情，可以过那种一日三餐的快意小日子。后来我才清楚，有些体面和骄傲，只能靠自己去努力争取。别人靠不住，更别奢望通过嫁给高富帅，来补偿那份无法排遣的空缺。

人都是有很多缺口的，只不过相比之下，爱情这个缺口填补的难度更大一些，所以与其羡慕脱单的朋友，不如放开手，好好赚钱。

真的，赚钱或许不能给你高品位的生活，但是至少可以让你在以后谋爱时吃的苦，尽量少一些。

爱情和爱钱，两者都不丢人，但如果脱单太难，那我还是祝你赚钱。

04

二十多岁的年纪，爱情真的不着急，因为真正高质量的成熟爱情，不是急着脱单就能实现的。爱情不是掷骰子，也不是买彩票，它也讲究天时和地利、机遇和时间，你要有足够的勇气和耐心，等候它的来临。

但是，属于年轻人的热情和野心，一定不能丢。比如赚很多很多钱，读很多很多书，成为一个更加立体、通透、优秀的人。

青年人气作家陈大力讲过自己对赚钱的看法：爱钱不丢脸，一点也不，努力挣钱更不丢脸，因为我真真实实地穷过，我知道自己想要什么。我想要以后理直气壮地走进任何一家漂亮的店铺，心中没有一丝的害怕。是的，有了很多很多钱，至少可以给自己一份独立的理由，活得有底气。

有足够的实力，才不会让自己活得那么孤单。想要的东西都自己去争取，再也不把主动权交给别人。

要活得很有底气，成为那个能靠自己生活的人。当你获得足够的实力，就会发现，曾经心心念念的那个人，不过如此。

这个时候，那个爱不到的人和回不去的昨天，还有那么重要吗？

自律的你，真的很讨喜

对于生活的佼佼者来说，重要的从来不是事情的结果，大多数时候，他们注重效率。

01

舍友小 D，总是做出一些令人费解的事情。

上周选修课论文，老师提前两个月布置的任务，她偏偏拖到了最后一堂课，收论文的前几分钟，还在奋笔疾书；前天上午的考试，直到昨天晚上所有人早睡养精蓄锐后，她才开始打着手电筒通宵复习。明明这一分钟就要结束的事情，偏偏要等到下一分钟，才慢条斯理地去进行，而且，毫无紧张和愧疚。

有段时间，我们宿舍集体声讨她：期末考试了，不去教学楼里复习，还熬夜玩游戏。令所有人不理解的是，小 D 不仅不听从，反而变本加厉，上课偷偷玩，白天躺着玩，晚上熬夜玩。

后来，再也没有人主动劝过她。

有些时候，不是别人有没有义务拯救的问题，而是，拖延症晚期的人，早就自己放弃了自己。他们从来不会意识到危机的降临，也不会对这种无厘头的做法感到恐慌，似乎在他们脑海深处，拖延这回事，本就理所应当。

救不了，也无能为力。

02

大学的期末复习，考的恰恰不是能力，而是态度和耐力。说白了，就是一场琐碎又漫长的持久战。高中的时候，一本书可以学半年，而现在，用一周时间就可以搞定，这期间最需要的，无非就是重视的态度和自律能力。

大部分人，在晨光熹微中，已经早早起床，抱着复习资料去自习室、图书馆学习，哪怕天气再冷，也不叫一声苦。且不说那些匆匆忙忙的人学了多少东西，但至少，他们有能力控制自己，并有"这件事情很重要，我需要做好"的态度。

对于生活的佼佼者来说，重要的从来不是事情的结果，大多数时候，他们更在意自己完成任务的积极态度，而且，他们注重效率。所以，才在最紧要的情况下，拿出时间和精力，认认真真地开始做事情，而不是一味地拖延和逃避。如果知道任务需要两个小时完成，就一定不会拖到最后十分钟，才去做无力的挣扎和所谓的抱佛脚。因为那种慌里慌张的姿态，真心不好看。

他们不动声色地努力，无所畏惧地前行，最终看得见真真切切的自己，也得到了真真切切的成果。

03

明亮又轻松的日子，无疑是非常讨人喜欢的。日子过得不开心了，立马抛下烟火里的尘埃气，来一场说走就走的旅行，哪怕只是晒晒太阳，听听音乐，也是极其美妙的。

但是我们大多数人却做不到这么肆意潇洒，不是不够勇敢，而是当我们把要做的任务拖到最后一刻时所面临的那种无能为力的挫败感，是真的慌。就好像，明明再走一步就是悬崖峭壁，双脚还偏偏不听使唤地走上前，然后，纵身一跃，粉身碎骨。

拖延得久了，连再次爬上去的资本，都懒得争取了。人的本性向往安逸舒适，谁不希望天天都是纵横高歌的节假日呢？谁不渴望拥有玻璃心和公主病的双重资本呢？谁不喜欢无忧无虑的热烈生活呢？

总以为朋友圈里那个自律又精致的人可以是自己，可转过头来，深夜屏幕上罗列着大小任务的日子，才是真实的生活。

新东方最年轻的老师、中国门萨俱乐部成员张安琪曾透露，没有她在复旦大学那段自律而铿锵的灰暗时光，就不会有后来干练、从不拖延的自己。

"那时候从来不敢拖延，生怕错过了一分钟，生活就颠覆了。"她笑着打趣，"别人都回家过年了，我还在图书馆按时做任务，也想着飞奔到车站买一张车票，冲到热气腾腾的饺子面前啊。"

可是饺子可以天天有，任务完不成，就再也没机会了。

04

有人统计过，几乎每十个人里面，就有六个人，得了拖延症。而且这个比例，一直处于增加的状态。好像有一只无形的大手，冥冥之中在操纵我们的生活，究竟是什么呢？

那双大手，不是别人，正是每天抱怨时间太紧、任务太重的自己。

一个人真正的价值，是能否确切认识到自己的价值，并利用它为实现心向往之的理想而努力。自律，是其中必不可少的条件之一。自律而优雅的灵魂，可以将时间翻倍使用，还能在别人的堕落中偷得浮生半日闲，取得事半功倍的效果。

学霸之所以成为学霸，精英之所以成为精英，其实关于天赋的部分占得并不多，更多的原因，是他们的态度。该上课的时候，不会轻易走神；该工作的时候，也绝不拖延，不会等到报表截止的最后一刻，才慌里慌张地熬夜加班。

扬首和埋头，你总得选择其一。随着年龄渐长，等到真正面对生活这个难题的时候，也许再也不敢轻易恍惚、得过且过了。长大后的我们，也许更能深刻地明白：很多东西，稍稍眨眨眼，已然消逝。

有太多人，不仅仅赢在了起跑线上，还以自律为剑，一直披荆斩棘，奔向远方。而大多数人，只能望而生畏，一边埋怨时间不够用，一边心安理得地睡到自然醒，明明可以付出一分精力就可以完成的事情，偏偏要拖到要付出十分的精力也不能完成的局面，最后还抱怨时间不够、任务好难。

精英之所以只占领了社会的一小部分，和高度的自律密切相关，想要提高生活的品质和人生的高度，就必须深刻地明白：讨喜的人生，是依靠自律一步步塑造出来的。

最可怕的是比你优秀的人比你还努力

　　很多时候，我们被所谓的自由所局限，直到有一天发觉，那些本就很优秀的人，已经打破了世俗的原则束缚，一路拼了命，冲到了终点。

01

　　昨天在宿舍里，舍友热火朝天地讨论起了对门的一个姑娘。

　　人长得很美，姑且叫她虫虫吧。从大一开学的那天起，我就对她印象颇深，不光是因为肤白貌美大长腿，还有她那种仿佛与生俱来的气质和修养，让人瞬间有了一种女神的即视感。

　　舍友们讨论的，是虫虫每天晚上都去操场上跑步，一口气十多圈、从不间断的那种。

　　"她好厉害，每天晚上不吃饭还坚持锻炼。"

　　"对啊，明明都那么瘦那么美了，还这么拼，让我们这些'躺尸族'情何以堪，哈哈……"

彼时的我正窝在床头码字，一心二用的瞬间，敲打在键盘上的手指不自觉地停顿了一下。那么瘦那么美，还那么拼。我想了想巧笑倩兮、眉清目澈的虫虫，然后拿出镜子看了看不会化妆、因熬夜码字挂着黑眼圈的自己。一阵莫名的苦涩和不甘涌上心头，说不出来的慌。

02

学生时代，我们可能羡慕过那些长得好看、成绩优秀的女生，也曾天真地抱怨老天怎么就这么不公平呢？

初二那年，班长是个校花级别的女生，除了大批男生在背后追捧，她的周围还围着众多女生。我一开始着实搞不懂，心想她不就是长得好看了些，也没什么了不起啊。

直到后来我们做了同桌，我才知道，她是怎么把班长和学习这两份工作处理得游刃有余的。班主任那里，她是独当一面的得力助手；学习上，她是熬夜苦读的拼命三娘；生活上，她是待人和善、讨人喜爱的小姑娘。

但人前多体面，背后就有多心酸。被老师批评哭，她就一遍遍反思自己的不足，光工作上需要改进的小事就满满当当记了一个笔记本。学习成绩受影响，她会熬夜刷很多套题，把干杂活儿失去的时间都补回来。

后来，她成了我的闺蜜。有才有貌又努力的女孩，谁能不喜欢呢？也是那个时候我才深感恐慌：当你安逸熟睡，天才还在夜里奔波迈向远方。

03

在大学里，我们总会看到一些天天追剧、睡懒觉、逛淘宝还乐在其中无法自拔的人，或许我们自己就是其中一员，每天过着浑浑噩噩的生活，明明想改变却又无能为力，面对比我们优秀的人，要么羡慕，要么自卑。而那些本来就很优秀的人，可能还在一路高歌地飞跑，就像本身资质优越的美女，还在马不停蹄地努力。

有时会莫名恐慌，因为这种无力感不是喝几碗鸡汤，看几本成功学就能解决的，而是一种心有余而力不足的挫败感。无力回天吗？当然不是，因为依然有很多出类拔萃的人，可以跨越一切障碍脱颖而出。

只不过很多时候，我们被所谓的自由所局限，直到有一天发觉，那些本就很优秀的人，已经打破了世俗的原则束缚，一路拼了命，冲到了终点。

所以问题是，切实存在的差距，你可曾真心注意到了？

04

《灵魂有香气的女子》的作者李筱懿老师，曾写过一句话："那些长得漂亮、干得漂亮、活得漂亮、想得漂亮的家伙，都是狠角色。"

女神是轻松做得的吗？花在饱读诗书上的时间不比保持身材短，用在规划人生上的工夫不比梳妆打扮少，如此，方能塞进最小号礼服，拾掇起一身仙气，甚至她生的孩子，都必须是漂亮又有教养的。每一个女神，都活得很努力。所以在她的笔下，才有了万人痴迷的女神林徽因，呕心沥血、毕生研究考古的故事。

许多女性嘲笑她颓然拥有着半吊子才情和招摇的风情，可单论努力这一点，女神就可以轻松取胜。林徽因们不仅长得漂亮，更重要的是，狠得下心、受得了伤，可以主宰自己的人生，也可以扛下应该负担的责任。

而对于你我一样的普通人来说，此类佼佼者几乎可以说是势不可挡。明明那么优秀了，还拼了命地随时准备闯四方，这样的人，又可怕又可敬。

05

说白了，没钱没颜值没背景，这些都不能成为你垂头丧气的借口。因为可怕又扎心的是：比你优秀的人比你还努力。如果清楚地意识到这一点，还有什么理由坐以待毙呢？

那些"努力也是白费"的胡话，摆明了自欺欺人，这个世界，从来都不会可怜谁，更不会眷顾谁，那些所谓的宠儿，大多数还是拼了命才得到了世界的通行证的。

你可以不必事事第一，但是仍然需要做到问心无愧。要想与优秀的人缩小差距，只能一步步向前追赶，可能直到最后，你依然无法追上，但是至少可以在变好的路上砥砺前行，不也可喜可贺吗？

条条大路通罗马，而有人刚好生在罗马。没有得到先天优势的孩子仍然可以凭借自己的努力，最终抵达终点，和那些优秀的人一起在罗马共进晚宴。

那么，有生之年，罗马见。

你满口不在乎，是怕暴露自己的无能吧

永远不要用"不在乎"三个字给自己找理由，因为在某种情境下，它和"没本事"同义。

01

你有没有见过这样一种人：明明没有能力取得优异的成绩，却偏偏对着别人的光鲜亮丽嗤之以鼻，满脸不屑，一边说着"我不在乎"，一边重复自己的老路。

典型的吃不到葡萄说葡萄酸，可是，他们真的很潇洒吗？

同事玫玫，刚刚毕业的应届生，初来乍到，老板看她年轻，准备先考量一下，所以面试的时候故意安排了一般的薪资。玫玫不仅没有提出异议，反而欣然接受了，老板窃喜，以为遇到了通情达理的优秀员工。

可还不到一个月，问题就出现了。玫玫不仅经常迟到，而且工作也不能按时完成，经常靠加班来弥补。第二天接着恶性循环，日上三竿才来。大多数工作做得马马虎虎，完全没有新员工该有的样子。

有人提醒她："小心老板扣工资。"玫玫嫣然一笑："管他呢，你看我像是在乎工资的人吗？"这让提醒她的同事吃了一惊，无言以对。

玫玫本身非常胖，还喜欢吃喝玩乐，眼看着体重继续飙升，依旧我行我素，看到漂亮的女孩儿每天运动去维护身材，玫玫满脸不屑："活得开心就好呀，我才不在乎身材呢。"好吧，你不在乎，你开心就好。

但其实，玫玫的态度暴露了一个问题：所谓的不在乎，不过是为自己的无能找的借口罢了。你并不是真的不在乎，而是根本没有决心和能力把事情做好。

02

曾经听过一句话：世界上只有两种女孩，得体又美丽的和放弃了自己的。当你把自己抛弃，神仙也无能为力。

就拿减肥这件事来说吧，我见过很多女孩子，明明自己的身材也不好，却很鄙视那些拼命减肥的人。对别人异常苛刻，对自己却格外宽容，在外面说自己一点不在乎，私下里却对着镜子偷偷难过，失落的情绪过后，仍然胡吃海喝，依旧在嘴上说着"不在乎"。

人生在世，金钱、事业、爱情，处处都是羁绊，我们总会遇到各种各样的问题，那些真正做到不在乎的人，往往不是因为真的不在乎，而是已经收获了圆满。

作家王小波说过一句话：人的一切痛苦，本质上都是对自己无能的愤怒。这才有那么多人，为了掩饰自己的痛苦，想尽办法把无能掩盖。然而，终究还是盖不住的。

临近毕业季时，别人都忙着找工作、创业、考研、考公务员，只有同学小海在家待业。有人问他：专业学得还不错，为什么不自己创业试试呢？小海表示很吃惊，他说自己并不在乎别人做什么工作、赚多少钱，他会等到最好的录用机会，得到最好的薪酬。所以半年多的时间，小海一直像个无业游民一样，在家无所事事。

机会从来不是等来的，自己不去努力争取，一心等着天上掉馅饼，简直是异想天开。用嘴上的"不在乎"来掩饰行动上无能的人，无论心里再怎么渴望，终究也只是妄想。在你拥有之前，永远不要用"不在乎"三个字给自己找理由，因为在某种程度上，它和"没本事"同义。

03

扪心自问：你真的可以做到不在乎吗？

有人观察过这样一个现象：大学评选班干部的时候，大多数同学都处于一种观望的姿态，只有极少数同学，认真准备发言稿，努力把最好的一面展示给大家，希望可以当选。

而那些没有参加评选的同学，有的人默默无言，有的人则喜欢冒酸水"我才看不上什么班干部""只是一个虚晃的头衔而已，也没什么了不起"。但是他们却忘了，其实很大的原因只是因为他们不敢去争取，所以才极尽刻薄。害怕争取了也会失败，努力了也得不到想要的结果，干脆拿个挡箭牌遮一遮，顺利逃脱。

说这话的人，有个畏难心理，就是没底气，还想要面子，没本事，还想要体面。究其根源，是对自己不够自信。

什么才是真正的不在乎？是你拼命去争取了失败了，发现自己真的做不到的时候，坦然处之的心态，是陶渊明心甘情愿的归隐，是李白无所畏惧的浪迹天涯，是影帝周润发功成名就时依然保持的低调。

周润发明明很富有，却过着清贫的日子，和妻子挽手逛菜市场，穿十几元钱的T恤和拖鞋；明明可以有很多机会提高名气，把慈善的事情传播四海，但是他却选择了匿名捐助。

真正说不在乎的人，能力和实力兼具。但他们并不把这句话当作炫耀的资本，反而很低调地做人做事。这是底气，也是资本。

不要再说你不在乎，因为很多时候，那些嘴上的"不在乎"相当于间接承认了自己的无能。你说不在乎身材，却在看到别人体态轻盈的时候心生悔恨；你说不在乎薪资，却在看到别人升职的时候忍不住眼圈发红；你说不在乎爱情，却在看到别人成对而自己孤身一人的时候落寞非常……其实你不是不在乎，只是不敢承认。

想要的拼命去争取，喜欢的就大方承认，没有什么高调低调之分，也不必有什么体面丢人的顾虑。那些敢于承认自我并逼迫自己努力向上的人值得我们去佩服。他们理性面对自己的优缺点，也从不掩饰自己的需求和梦想。从另一个角度，他们也是在证明自己的能力和野心。因为真正"在乎"，所以才心甘情愿为之拼命努力，终有一日，想要的都能拥有，错过的绝不将就，不妥协、不退让，洒脱淋漓地活成自己人生的主人。或许那个时候，才有资格把那三个字说出口吧。

别在该奋斗的年纪，让理想蒙了尘

你还年轻吗？你还有梦吗？还会说起理想就泪流满面吗？

01

二十多岁的年纪，有几个人不曾迷茫、懒惰、颓丧过？

昨天有个读者给我发了一条消息，看到内容后，我感慨万千，却不知道该用什么话语来回复这个女孩，斟酌许久，最后还是把对话框里一大堆或安慰或激励或愤慨的文字删掉了。

她说：我今年大二，很差很差的那种，不想干任何事，没有向上的心，也没有理想抱负，学习也没劲头，又懒又堕落，你可以给些建议，救救我吗？

那一刻，我被这段话惊到了，细细读了好几遍，才逐渐平静。有种不可名状的恐惧和悲哀：这真的是一个二十岁的年轻人说出的话吗？朝气蓬勃、元气满满、活力四射，那些充斥着力量感且个性鲜明的标签都到哪里去了？

前几天看了一个微博，里面提到了一句话：不要大声责骂年轻人，他们会立刻辞职的，但是你可以往死里骂那些中年人，尤其是有车有房有娃的那些。换言之，年轻人这三个字，代表的是资本，是敢作敢为的资本，是勇往直前的资本，是不惧未来的资本。而不应该，成为堕落和庸俗的代名词。

二十多岁的年纪，风华正茂，为什么不能为了自己心心念念的理想，去拼命奋斗呢？

02

已经好多年不说理想。甚至，如果这个时候你问一个年轻人："你的梦想是什么？"对方多半会不屑一顾。我曾经尝试做过一次类似的征集，结果有人这样回答："小孩子才不切实际，大人要学会面对现实。"

"学会面对现实"对于年轻人而言，似乎是最好笑也最无奈的一句话。我们羞于谈理想，把借口全推给了现实。可是，说出自己"想要什么、想做什么"，并不是一件需要遮遮掩掩甚至见不得人的事情啊。理想并不只宠幸小孩子，如果在该奋斗的年纪和理想失之交臂，那么这辈子也许都不会有机会与它重逢。生命中最让人感到遗憾和不舍的，不是已经做过的事，而是那些能做却没做的事情。当你屏蔽了理想，理想也远离了你。

前几年在日本做交换生的时候，见过一个老太太，彼此熟识了之后，说起了一些知心话。她说，生平最大的梦想，就是可以去北极拍写真，因为听说那里的极光特别美，绚烂奇幻，一生见一次就够了。

今年，82 岁的她发邮件告诉我，她的梦想实现了，照片中的她，在美丽的极光中显得神秘又唯美。我看到后，突然备受感动：原来，理想的力量竟然这么强大。原来，理想没有什么所谓的界限，与国籍、年龄等因素也没有必然的关联，它关乎的是一个人的心性。

就像我们决定出发之前，需要选好方向一样，选择奋斗之前，你也得先有梦，以梦为马，方能不负韶华。

03

我们苦苦追寻过很多东西，那些东西大部分都很难，可这些阻碍都大不过你内心的侥幸、恐惧和懒惰。人性七宗罪里，"懒惰"一词榜上有名。见过很多学生，曾信誓旦旦非清华北大不上，高考败北之后，连再爬起来的勇气也彻底丢掉了。

生活不会允许每个人都高高在上，20 岁出头的年纪，谁也无法一飞冲天。但是，最怕你一无所有，还只是到处找借口。明明处在可以提升自己的黄金时期，却只想与游戏、约会、聚餐、外卖相依相伴，如果不小心被问一句当初的愿望实现了吗，还会反驳："咸鱼翻身了还是咸鱼，还谈什么理想？"

永远停留在口头上的梦想叫幻想，只有真正落实到行动的梦想才叫理想。去奋斗、去争取这件事，说起来很容易，真要付诸行动的时候，可谓步履维艰。可是，如果 20 岁嫌弃太苦太累，30 岁抱怨没有机会，40 岁是不是只能感叹穷困无知呢？

外企实习的时候，认识了一个雅思托福双优的学长，毕业不到一年，自己开了一家分公司，目前正在调动人员，很快就可以实现独立运行。他看到我惊讶的眼神时，假装得意地开口："是不是很羡慕呀？"见我点头，他却严肃起来，"这些看着容易，但其实大学那几年舍弃一切娱乐活动，拼了命才拥有现在的一切，我一直梦想开一家属于自己的公司，如今终于实现，也算是对得起自己。"说完这些话，他自己先苦笑起来。而我似乎看到他苦笑的表情背后，藏着一颗饱经磨砺的心。

或许，只有真正把理想当成你生命中的一部分，当作一种执念去对待，才不会辜负它。趁着年轻，多去争取机会，有梦就去闯，怕什么失败，先努力一把再说，既然不认命，那就去拼命。

什么年纪做什么年纪的事儿，这样垂垂老矣的时候，还可以骄傲地说一句："我也是实现过梦想的人。"

多自豪！

04

说了这么多，文章开头提到那个读者的问题，我想已经有了答案。这是道人生的必答题，愿不愿意拥有理想，愿不愿意为之奋斗，答案的撰写人只能是她自己，而别人，无能为力。

电影《饮食男女》里有句话："人生不能像做菜，把所有的料都准备好了才下锅。"在你做人生这道菜之前，心里必然有了它的雏形，不然，做菜的动力也会大大减少。当然，为了准备那些料，你也要付出一定的代价。

该奋斗的年纪，永远比理想实现的年纪要提前许多，所以别选择让理想蒙尘。坦白讲，你所向往的一切精彩，都需要脚踏实地的努力作为代价。那些美好的理想，年轻的时候若不拼命努力，实现的可能性就会大大降低。

人生最高级的体面，是修养 **4**

亲爱的，把那一块钱还我好吗？

帮忙可以是出于情分，但催你还钱这件事，还真不是本分。

我从不缺钱，缺的是认可和心安。

01

昨天无意间看到了这样一条帖子：

我是个热心肠的人，平时喜欢帮别人各种忙，像拿个快递、打印东西、带个饭，只要舍友说出来，我就会帮她们，但头疼的是，每次都要自己催她们还钱，一两次也就算了，可次次都要这样，谁有那么多心力去干这种费力不讨好的事情呢？不是心疼那几块钱，而是这种行为，真的让人很心累。

一时有些酸涩涌上来，不由地去翻看评论：

A：我也经历过，大大小小的忙帮了不少，人情却没做好。

B：楼主这么玻璃心，脸皮厚一点儿什么都有了。

C：不用那么矫情，爱帮不帮，自己开心就好！像我哈哈哈……

翻了好多评论，吐槽者有之，同情者有之，当然最多的，还是共鸣者。显然很多人，并不喜欢这样的"人情"。对于大多数人而言，可能一两块钱真的不算什么，可是那份人情的辜负，终究是无法长久视而不见的。

你可以选择让我帮忙，绝无二话，只不过当你把它当成理所当然，让我的小善意无处安放，我就没办法装作无所谓了。所谓己所不欲，勿施于人，有时候相互体谅一下真的可以让很多问题迎刃而解。

02

"姐，好气啊！"

前几天，学妹童童跟我倾诉抱怨过后，发过来一张长长的聊天记录截图。原来，她被自己的舍友S拉黑了。但其实，童童并不是宿舍里那个被其他人孤立的人，相反，她和大家相处得很好。

导火线是，今年努力学习的童童拿了奖学金，本来家境不怎么富裕的她想拿钱给爸妈买新衣服，却在舍友S一句"学霸有钱了，该请我们吃饭了啊"的话中犹豫了。

童童看得出，S是认真的，可就是那一瞬间的犹豫，让脾气火爆的S发了火："拿了奖学金就拿了呗，不请拉倒，没人稀罕！"

童童没想到，平日里帮 S 带饭、叫她起床、替她复印资料、帮她打扫卫生的种种，竟然全部被她抛之脑后。

犹豫了那一下，不是因为舍不得，而是她的态度，让童童很难过。

"说真的，我不是那个天上掉馅饼被砸中的人，我的奖学金也是拼了命拿到的啊。"童童很无奈，我听得出她语气中的难过。

"有人是舍友，有人是朋友，自然也有人，不如陌生人值得问候，听自己的内心就好。"我发过去这句话，颇有些心酸。说真的，我并不觉得童童有什么不对，只是客观认为：请人吃饭这件事，本就是出于情分，并不是非做不可。

可有些人就是如此，哪怕你做过千百件好事，最后一件拒绝，他也可以分分钟把你形容成一个冷酷的白眼狼。

不知道从什么时候开始，大学宿舍悄然存在着一些常见的现象：一个人去买饭，手里大大小小提着的，一定是全宿舍的早餐，而且，几乎每个人要的都不重样；一个人起床，就要负责叫醒所有朦朦胧胧的舍友，有时候还会被那个睡懒觉的舍友诟病烦人；一个人去打印资料，不管有多少张、路有多远，必须是把所有人的打齐，一旦带回来的只有一份，肯定被吐槽：这点小事都不记得帮一下。

是啊，这些都是小事。但可怕的，不是这些出于舍友情分的举手之劳，而是万一哪一天你突然拒绝了别人，等着你的，有可能将是唇枪舌剑。

某天买饭，你发现时间太晚了，于是只带了小 A 一个人的，于是小 B 就会抱怨："不就多排个队嘛，偏心。"然后白眼一翻。

有次你失眠，不小心睡过了头，导致大家第一节集体迟到，舍友 C 醒来的第一句话却是冲着你："都怪你，今天忘了定闹钟，害我们全迟到！"

种种行为，不胜枚举。

其实，我们讨论大学宿舍关系不合时，无非也就那些事情：舍友之间脾气不相投，因为某个人不打扫卫生闹别扭，谁没帮谁拿快递闹情绪，有个独来独往与世隔绝的学霸君，等等。

看起来都是些鸡毛蒜皮的小事情，大多数人也会认为不需要为这些事情上纲上线、斤斤计较。其实不然，导致不和谐的因素往往都是从这些小事情一点一点慢慢发酵的，终于有一天，碰到一根导火索后便彻底爆发。

大家都是朝夕相处的室友，互相迁就点其实没什么大不了的，只不过不要把别人的迁就，当成理所当然。在家可以做公主或王子，出了门，大家都是平等的，人格上，谁也不会比谁高一等。何况，大部分人或多或少都会有点儿玻璃心，没有几个人愿意一辈子做个滥好人。

03

印象最深的一件事，我和同学阿璐一起去帮舍友打印作业，教学楼的打印机坏掉了，于是我们放弃了午休，去另外一个区打印。学校太大，打印社又太少，等我们回来的时候，已经到上课时间了。于是，习惯了午休的我，昏昏沉沉的，一下午都很难受，听课效率极低。

然而这些都没关系，我难过的是，辛苦跑那么远回来，依然有人选择视而不见，至于那点钱，也不会有人说声谢谢。所以每次我都提前说好：打印的钱，我不会要的，大家不用给我转。

事实上，还是会有舍友，次次给她带了饭都需要催她给钱，你不说，她就忘了，然后美其名曰自己性格大大咧咧，反倒埋怨起你："你不说，人家怎么知道嘛，大胆催我就行，你催我就转。"

可是，一次两次也就罢了，谁愿意总是干这种费力不讨好的活儿？帮忙可以是出于情分，但催你还钱这件事，还真不是本分。我从不缺钱，缺的是心安和认可。如果我的付出毫无意义可言，甚至无缘无故损失了信任和价值，那宁可不去要这份人情。

"很抱歉，做不了你的盖世英雄，你去找别人吧。"这话说起来确实有些颓丧，还有种满是玻璃心的感觉，可该说出来的时候还是要说。毕竟花费时间和精力却得不到任何东西的经历让人感觉到无奈和挫败。说到底，没有人是不功利的，哪怕那份功利心，仅仅是为了得到一声真诚的"谢谢"。

有个脾气很好的朋友跟我抱怨过，她的下铺是班委，但一有事就统统推给她，嘴上说着"都是室友帮帮忙啦"的矫情话，忙她都帮了，可是除了得到几句客气话，连真诚的感谢都不曾有。朋友浪费了时间和精力，可事情一旦没办好反倒还会受到埋怨。

我安慰朋友："没事，至少人家记得你的好呀，心存感激。"可她说，有时候真恨不得自己是个冷漠的坏人，至少可以随心所欲一点，不用在乎那么多人情。

不用想着去讨好谁，也不用在乎别人怎么看，洒洒脱脱，只做最真实的自己。

04

大度到可以容忍一切不爽，宽容到可以摆脱一切桎梏，随意到可以忍让一切不公，不好意思，那是圣人，而你我，都是食人间烟火的凡人。凡人啊，也有凡人的苦，不必藏着掖着，大家都是一样的。同样，谁也不欠谁，谁也不是谁的谁，退一步讲，还是互相包容体谅的好。

关系少不了维系的，人情也免不了要送的。与人为善，好好做人。不管是大学，还是以后，有些东西，真的需要一辈子去慢慢学习，去结交一些不一样的灵魂，去认识一些不一样的人，然后慢慢丰盈和沉淀。

大学里的室友，相处好的可以发展到一生的知己挚友。而有些相处不好的，分分钟就能闹得分崩离析，对面是路人，出门是敌人，真要到这个地步的话，想来也确实寒心。

所以，我也曾经非常努力地去维护舍友关系，那些少年时宣称的"走自己的路让别人说去吧"的大话，也只是停留在口头上而已。一个人若是必须处在集体中，和睦的关系总会让你在生活中少吃很多苦头。

一段得体又温馨的情谊，于人于己，都非常舒心。而要经营好这种大学舍友关系，必须要做到以下几点：

第一，尊重别人的付出。

每个人都很忙，都有自己的事情要处理，别人好心帮了你，就该感恩在心。而不是因为一次疏忽，就抹杀所有的功绩。

我希望每个人，都可以对舍友的那份小心意常记在心，只有这样，才不会觉得别人的付出都是理所当然。因为你也不知道，万一哪天失恋了、失态了、失业了，她们会雪中送炭，给你带来关心和温暖。

第二，学会换位思考。

其实谁都有烦心或者犯错的时候，尤其是女生之间。女生是典型的敏感动物，动不动容易想多。所以，说不定那个苦着脸给你带早饭回来的舍友，其实刚刚丢了英语笔记，才一脸难过的样子，也许她真的没有矫情。

想想她忍着悲伤排着队给你打饭的样子，一定很心疼吧。

第三，学会调节情绪。

说实话，许多人忽略了这一点，舍友们在一起生活久了，其实和家人一样，我们和爸妈尚且有小吵小闹，何况性格、阅历、观念都大不相同的舍友呢？出现分歧的时候，多想想对方的好，毕竟，你们是那么不同，能聚到这一方空间里，也是冥冥中的缘分。

总之，学会调控自己的糟糕情绪，努力做一个可爱又温暖的人，闪闪发光。你是一个人，但仍可以和她们抱团取暖，变成一个温暖如歌的人。

　　尽管有时候，好心会面临辜负，善意会遭遇误解。但正所谓"赠人玫瑰，手有余香"，我仍然喜欢帮助别人，也依然希望有一天，被帮助的人可以认真而感激地告诉我一句："跑了这么远，辛苦你啦，谢谢，下次我帮你。"

　　真诚与感恩，是对善意最好的回复。

你的孩子不懂礼貌，真的不是因为年龄太小

很多人喜欢把孩子的错误用一句"孩子年纪还小，不懂事"的话当作借口随意敷衍，看似有道理，实则经不起推敲。

01

我想讲一个亲身经历的故事。

有一年暑假的时候，我和老爸去银行办卡，回家的路上我们准备买点儿葡萄。卖葡萄的是个憨厚和蔼的老大爷，笑容可掬。老人热情地邀请我尝尝他卖的葡萄，声称不甜不要钱。

老大爷给我们装葡萄的时候，来了另一位买葡萄的年轻女子，电动车后面带着两个小女孩，大约 10 岁出头。那位女子麻利地抓起袋子开始装葡萄，一边装一边吃，行动迅速而自然，仿佛是这里的常客。老人笑眯眯地抓了几个葡萄给两个小女孩，让她俩随便吃。两个孩子一言不发，面无表情地接过葡萄，一句谢谢也没有。

爸爸去包里拿钱，我骑上车子正准备走，突然冷不丁地被

吓了一跳：电动车座椅上"飞"过来两片葡萄皮儿。我听到笑声后顿时一惊，立马扭头去看那两个孩子，没想到，她们脸上带着恶作剧得逞后的笑容。

抬头去看她们的妈妈，更是瞥见了不堪入目的一幕：女子趁老人转身拿葡萄的间隙，飞快地抓起一大串葡萄塞进了已经称好的袋子里，然后迅速把葡萄拿到车子的储物箱里。

……

那时候，我的内心真的无法用语言形容。我想喊出来提醒老人，可是"多一事不如少一事"的自私心驱使我最终选择睁一只眼闭一只眼。因为我明白，即使我告诉老人，结果无非就是老人和女子大吵一架，然后引来路人围观，说不定还会引起什么更大的麻烦。我承认，看多了新闻八卦，我很自觉地把嘴巴闭上了，但内心还是觉得自己懦弱无比。

买完葡萄，离开了那个善良的老大爷，我开始向爸爸抱怨那两个不懂事的孩子和那个随意偷葡萄的女子。

"这做法简直太没素质了！"我很气愤。

爸爸并没有太惊讶，意味深长地说："小孩子年龄小，固然是不懂事，但是父母也担负了很大的责任。一个本身品行不端的父母，也很难教育出品学兼优的孩子。"

我听后愤愤然地替老人感到委屈，那天的葡萄，愣是没尝出甜。

02

开学之后，有次心血来潮去餐厅吃饭，碰到了一位非常有趣的小姑娘，五六岁的样子，看着活泼可爱。当时正值午饭高峰期，餐厅人来人往，热闹极了。大家手里都端着饭菜，稍微不留神就容易打翻，因此每个人都小心翼翼。小姑娘在餐厅里蹦蹦跳跳地找位子，但脚步却很轻，很显然，她怕撞翻了别人手里的饭。

突然，一个长发披肩的学姐拿手机付钱的时候，不小心把手里拿着的筷子掉在了地上。后面的人不耐烦地催促她，学姐脸有些红，手忙脚乱地去捡筷子。没想到，小姑娘抢先一步，把筷子捡了起来。

"姐姐，你先付钱，在这里等我一下。"小姑娘转身，脚步轻盈地跑开了。

我当时挺纳闷儿，不知道这小姑娘接下来是要干什么，还没等我猜出后续的发展，就见小女孩跑到餐厅里放碗筷的地方，拿出来一双崭新的筷子送给了学姐。原来，小姑娘看到筷子脏了，便贴心地为姐姐重新拿了一双干净的筷子。学姐感动得不得了，连声说谢谢。

虽然是个很小很小的举动，但旁观的我却着实被小姑娘暖到了心里。那顿饭，我吃得很香。

03

多年以后，我再次回想起爸爸当年说的话，觉得颇有道理。孩子的健康成长离不开父母长辈的正确教育，很多人喜欢把孩子的错误用一句"孩子年纪还小，不懂事"的话当作借口随意敷衍，看似有道理，实则经不起推敲。

记得小时候，姑姑远道来我家，给我带来很多好吃的，我却由于羞涩，都不曾跟姑姑打声招呼。姑姑走后，我被妈妈狠狠训斥了一顿。当时觉得妈妈太过偏激，后来想想，其实也不无道理。

如果连这些最基本的为人处世的礼貌父母都疏于教导，又怎么指望孩子可以做到事事得体呢？父母是孩子的第一任老师，这些基本的素质教育，有时候比课堂上老师教授的理论知识更能对一个人产生深远影响。

第一个故事里，那两个随意对陌生人搞恶作剧，连基本礼貌都不懂的孩子，在成长过程中，她们那位偷葡萄的妈妈无疑起着重要的作用。自己尚且不懂得礼让和尊重，自然也不会在孩子犯错误时耐心纠正，而是一味放任，还沾沾自喜。可气，又十分可悲。

而那个给学姐拿筷子的小姑娘，不敢说家庭教育多么完备，但至少，她的身上展现出了最基本的优良作风，起码不会让人联想到她有一对品德败坏的父母。

在一定程度上，一个孩子的所作所为恰恰展示了一个家庭

的家风如何。而一个重视家风建设的社会，我相信，以后也
一定能走向繁荣。

04

父母不要经常把孩子不懂礼貌或者犯一些低级错误，统统
归结为"孩子太小"。这个论断本身就对孩子不公平。更何况
我们现在所说的，并不是乳臭未干的婴儿，而是已经读小学，
具备与人沟通的基本能力的孩子。

多从自己身上找找原因，其实没那么难以启齿。你也不希
望自己的孩子见到亲戚朋友，一声招呼都懒得打；你也不希
望自己的孩子和别的小朋友在一起，总是去抢别人的玩具却
没有丝毫愧疚之心；你也不希望自己的孩子面对素不相识的
陌生人，连最起码的尊重都没有。

古代有贼人临死前咬下母亲耳朵的故事，正是那个不懂及
时制止恶行的母亲，连"不能随便拿别人东西"的基本礼仪
都不重视，才亲自把孩子送上了不归路。

而如今，仍然有很多家长，经常把孩子那些看似寻常的小
失误，归结为"孩子小"的原因，寄希望于"等孩子长大就
懂了"。可是犯了错，如果你不及时指正，孩子可能不会以为
自己的行为有失妥当。你不教，可能他永远都不会懂。如果
家长不辨是非、不明事理，那就不要一味责怪孩子太过放肆。
两者本就是相辅相成、密不可分的。

走出家门，孩子就是父母的一面镜子。孩子在人前如何，

很大程度上能折射出父母为人处世的基本态度。所谓年龄小，只不过是很多人臆想中的借口，毕竟大多数孩子还没有小到连基本礼仪知识都接受不了的年纪。

更重要的还是要发挥家长的主观能动性。当然，这并不是指一味去掌控孩子的行为，若是孩子犯了错一律用打骂来解决，以暴制暴的方法未免得不偿失。不如用一种循循善诱的方式，耐心教给孩子做人的道理，并身体力行。让孩子自己认识到错误，从潜意识里认同并接受正确的观点。孩子不会觉得自己做得事事都对，你也不会觉得他是因为太小，才接受不了你的教导。

父母明事理、懂教育，孩子耳濡目染之下，也会懂得礼貌。我后来回想起当年碰到的那两个小女孩，若她们当时不是用那样仇视的眼神，而是递给我一粒葡萄，笑着说："姐姐，这葡萄特别甜，给你吃一个！"

如果是这样，那天买的葡萄，我相信，一定会非常甜。

穷养富养，都不如教养

没有愧疚和感恩之心的人，想想都可怕。

01

曾经一度认为，有钱人家富养的孩子无外乎用金钱堆砌一切、娇气、懒散、花钱大手大脚；而贫穷家庭穷养的孩子，大多勤劳、懂事、坚强、吃苦耐劳。时至今日，可能仍然有不少人抱着这样的认知。

然而随着年龄和阅历的增长，如今再来看这个问题，却远非那么绝对。一个人的成长，并不是由物质的富裕和贫瘠来决定那么简单。

湖南卫视有一档名为《变形计》的节目曾一度引发大众的热议。节目故事的设定很简单，开始都是一个大城市人家的富裕子弟因为种种叛逆，父母为了改变孩子让他和一个农村贫穷家族的孩子进行互换。最初的时候，这些孩子生活得无法无天：吸烟、酗酒、打架、伤害父母，节目结束以后，少年往往都会变得温顺懂事，结局皆大欢喜。

想必不少人在看完节目后对那些城市里富养长大的少男少女的坏孩子形象印象深刻，还有些人甚至觉得，这些孩子叛逆性格的形成就算不是全部因为富裕，也十有八九和富养有关，进而上升到金钱对一个人的成长造成了多大的危害。可是我们似乎都忽略了父母教育的至关重要性。

前几天坐火车回家，中途停了好多站，不断有形形色色的人坐到我身边，最后一次坐到我旁边的，是一个年轻的妈妈，她带着她的儿子，爸爸坐到了对面的座位上。

从他们的穿着来看，大概是生活富足的一家人。他们提着水果酸奶，优哉游哉地坐了下来。妈妈自己剥开了桃子开始吃，儿子一个人喝酸奶。电视机里正在播放《三生三世十里桃花》的预告片，唯美的画面成功吸引到了儿子的注意力。

"妈妈，三生三夜十里桃花是什么呀？"

"不是三生三夜，是三生三世十里桃花。"

"妈妈，咱们要不要去那里玩呀？"

"去呀，我们很快就去青丘了。"

"妈妈妈妈，青丘是哪里呀？……"

一路下来，儿子就问了不下十个问题，而妈妈一直很耐心地讲解，还给儿子扩充了不少知识，对孩子而言，可谓受益匪浅。

那一刻，他们一家突然给我造成了思想上的动摇：有这么认真负责的妈妈，儿子还会成长得叛逆无比吗？我想至少他的童年应该是丰富而美好的。

02

一个孩子的成长，太需要父母的素质教育了。相比之下，一对思想成熟、品德高尚的父母会更加注重对于孩子的教育。这不单单和物质的贫富有关，他们给予的，是精神上的支持与馈赠，是个人品德和为人处世方面的培养教化。

而金钱，不过是父母给予孩子的另一层资本，绝不是自豪炫耀的理由。不可否认，富足的物质条件可以让孩子接触到更广阔的世界，学习自己喜欢的东西，发展特长和兴趣爱好。而在这样的条件下长大的孩子，却并不是那种只有金钱灌溉下的花花公子和任性公主。他们不会恃宠而骄，不会一味叛逆、不知分寸，而是比同龄人要优秀。

后来坐汽车回家的路上，我又碰到了另一个家庭，再次改变了曾经的固有观念。那是两个老人带着两个孩子，女孩大约十六七岁，男孩也就十岁出头。从一上车，女孩就一直在闷头玩手机，老人说话也不搭理，燥热的车子里气氛有些尴尬。

"现在使唤不动你了是吧？"老人有些生气地对着女孩说。

"那你当初别惯我啊，还不是你自己惯的啊！"女孩嘟嘟囔囔地说道。

我当时在听音乐，眼睛不由自主地瞟向了女孩。我以为又是一个珠光宝气、娇生惯养的大小姐。然而并不是，两个老人和女孩穿的极其普通，一眼就知道是村里人的惯常打扮，就算谈不上家境不好，至少也不是挥金如土的富豪之家。

老人叹了一口气，颤颤巍巍地下车去拿东西。我心里忽然有些不是滋味，我以为女孩看到老人下去拿东西后，应该乖乖地下车去帮老人把东西拿上来，一切安排妥当之后再去玩自己的手机。然而现实却是：女孩全程无动于衷。

　　不可否认，在中国，有不少因为父母出门打工，而被迫变成留守儿童的孩子，他们和祖辈的人生活在一起，身边缺少父母的切身引导。而他们的爷爷奶奶、姥姥姥爷，在他们做错事情或者懒惰不堪的时候，大多数情况下都只会选择忍一忍包容他们，毕竟啊，父母不在身边的孩子，已经够可怜的了，加上老人心一般比较软，孩子一哭一闹就双手发颤了，更别说批评他们了。

　　正是这份缺失，让他们在做事唐突时也不会觉得有什么不妥。久而久之，便形成了一种觉得凡事都理所应当的心理，更不会因为做错事觉得愧疚不已了。

　　没有愧疚之心的人，想想都可怕。

03

　　正是那天遇到的两家人，让我开始慢慢思考当初自己对穷养富养的定义：好像只是围绕金钱而已。而一个人的成长，并不只和金钱有关系，更重要的是素质上的教育。

　　有些有钱人家的孩子之所以恃宠而骄，是因为他们从一出生父母就用金钱来灌溉他们的人生，要什么就有什么，从来不用担心有什么玩具是得不到的，闯祸了，也不用担心有什么摆不平的。用金钱铺成的这条路，看似和康庄大道一样让人向往，其实走上去就知道，和地狱一样让人脚底发烫。有多少陷入深渊的孩子，是因为没有披荆斩棘的能力而半路废掉的呢，那时候，金钱根本一文不值。

同样，有些贫穷人家的孩子，从小就目睹了生活的艰辛，所以在慢慢成长的过程中深知父母的不易。对于贫穷的耳濡目染，让他们暗暗发愤图强，一定要靠自己的努力打造未来的生活。于是，我们看到了许多孩子，他们勤劳、能吃苦，从小就会做各种家务活。他们那么优秀有能力，给人一种穷人孩子早当家的感觉。

今天再来看，我不再觉得富养和穷养只是因为金钱的问题了。有钱人家的孩子，若是教育得当合理，他们同样能变得优秀，至少在自我发展的路上不会因为物质条件而止步不前，甚至会好好利用这个优势，获得更好的发展，而这份优势，正是他们成长的助推器，给他们注入养分和能量。

而物质条件没那么好的孩子，如果不懂得生活的艰辛，一样不会懂得吃苦的意义。若是他们的观念里，不存在生活好不好的问题，只有能不能吃得饱、能不能睡好觉，这样一来，从一开始就少了奔向更好生活的动力，得过且过、自暴自弃最终得到的也不过是一个更加平庸的生活。那些吃苦耐劳的苦孩子，都是对美好生活怀抱希望的孩子。而金钱，不过是他们生命中的附属品罢了。

但是，我们依然不可否认金钱的重要性。这种重要，并不是它可以满足我们对物质利益的虚荣心，而是在我们成长发展的路上给自己一份底气和动力，换句话说，就是在安定生活的基础上给自己一份不断成长的资本，不至于因为想去健身了拿不出钱，想去旅行了买不起票，满足不了内心，多忧伤。

真正的优秀，是一种心境，而不是家财万贯，一掷千金。一个真正富养的人，他可能既吃过艾玛斯鱼子酱，读过尼采和《菜根谭》，也去过阿尔卑斯山。他阅历丰富，眼界开阔，却从不咄咄逼人；他才情满满，能力出众，却从不炫耀自满；他也有一颗赤子之心，能忍受日常的琐碎，也有自己的诗和远方。

他会是正在披荆斩棘一路前行的你吗？

别把开玩笑当成你没素养的借口

"谦谦君子，温润如玉。"有素养的人，他们不会让人尴尬，更加不会伤害别人。

01

舍友 L，典型的富家女，脾气任性、刁蛮，活脱脱的小公主作风。因为都是舍友，大家彼此之间也比较包容，即便 L 有时候任性一些，大家也睁一只眼闭一只眼过去了。

然而，有时候 L 所谓的开玩笑，却让人感到无比心凉。记得有次 L 在水房洗头，另一个舍友小 A 进去倒洗脸水，不小心碰到了 L，还没来得及说对不起，L 率先爆炸了："我洗头你来添什么乱！不长眼睛吗！"

小 A 想还嘴，一时间又担心吵起来伤了和气，便低声说了句对不起，悻悻地退了出来。

从那之后，只要 L 在宿舍，小 A 几乎再也不发一言。

L另一个伤人的地方，是喜欢评价别人的着装。在她看来，别人买的衣服要么土气，要么不合身；别人买的化妆品要么廉价，要么有毒。我们都清楚，如果按照她的消费标准，根本没有人可以负担得起。

　　舍友小B兴冲冲买回来的裙子，被L吐槽腿太粗，我买的一件碎花衬衫，L说不衬肤色，显黑。以至于后来，我们所有人买了新衣服，都要趁L不在的时候才敢拿出来试一试。

　　可她永远不知道，那些腿粗、脸大、皮肤黑、太胖、太土的玩笑话，究竟有多伤人。很多时候不是别人开不起玩笑，而是那些所谓的玩笑，真的拉低了一个人的素养。

02

　　记得有一次大学思修老师在课堂上提问：一个人最大的财富是什么？

　　下面同学们的答案五花八门，但是有个文静的女生举手站起来，说了一个与众不同的答案。

　　她说，人生最大的财富，是修养。

　　底下的同学们纷纷对她的答案表示赞同。的确，一个没素养的人，哪怕有美丽的容颜，哪怕家财万贯，也不值得称赞。懂得尊重别人的人，才会得到别人的尊敬。

　　可能大家都听过类似的小故事：公司面试，故意制造一些混乱，比如地上的垃圾、行动不便的老人、坏掉的椅子等，但是并不会告诉面试者，这些也是面试环节的一部分。最后录用的人，不一定是能力最好的，但是一定要具备基本素养。道理很简单，如果一个人在最小的事情上都能具备良好的修养，那么他在做大事的时候也会非常体面。这就是我们常说的细节见人品，而一个人看似不起眼的玩笑其实也能窥见素质的高低。

但生活中，总会有些人，打着开玩笑的旗号，随意说出各种出格的话，例如评价别人长得丑、腿太粗、脸太大……明明知道这些话可能就是别人的伤口，却依然为了一句玩笑话在伤口上撒盐。将心比心一下，谁愿意听到这些所谓的玩笑话呢？这些明明都是别人的禁区，是不愿意在人前透露的部分，却被你无情地揭开。就像伤口结的痂还没掉完，嫩肉还露在外面，就被人洒上了盐水，怎么可能不疼？

总有人将自己的口无遮拦美化为"性子直，你别介意"，去商场化妆品专柜购物，听到导购员打着给别人推荐护肤品的幌子，把别人的缺陷说得天花乱坠，还自鸣得意。到底凭什么呢？你性子直，我性格温和，这就是你可以对我无底线地不断施压的理由吗？简直是扯淡的逻辑！其实哪有那么多脾气豪爽的女汉子，说白了就是口无遮拦、不懂尊重别人，情商低、没分寸。

真正性子直的人，也会适可而止，讲究分寸，绝不是无底线地伤害别人还不自知。

03

传播学上有个理论，叫"标签理论"。一旦某人被贴上了行为标签，他周围的人会对他另眼相看，这就会迫使他与其他越轨行为者为伍，以越轨行为者自居，按照这种行为模式去做，并将此类行为变成自己的习惯，甚至终生沿着这条路走下去。

换言之，那些总是喜欢开玩笑的人，就是拿"性子直"这个标签来当免死金牌，从而随心所欲地兴风作浪。而"修养"这个标签，也是无处不在。

讲个打电话的小故事。我有个西安旅游时认识的朋友，性格极好，有次写书时心情抑郁，忍不住给她打电话，我想都没想，胡乱抱怨了一通，全程半个多小时，她只是简单地微笑，时不时"嗯"，既没有打断，也没有挂断。

说到一半，我突然意识到自己的莽撞失言，连连红着脸向她道歉，在我看来，没有任何一个人有义务收留你的糟糕情绪，每个人都有自己的世界，打扰是一种不礼貌。更何况，不是恋人也非闺蜜，这样的吐槽着实有些唐突。

她笑着和我解释，没关系的，倾听是一种礼貌嘛。我莫名被感动得不行，这样的人，即使隔着电话，也能看得出骨子里的修养和素质。想起来炉叔讲过的一段话：素养，不是你在人前如何八面玲珑，做事如何滴水不漏，而是你在打电话时所用的方式。

　　总是插话的人，不具备倾听的素养；容易暴怒的人，缺乏控制情绪的素养；谈话时趾高气扬的人，没有尊重他人的素养；扯着嗓子说话的人，缺乏考虑身边人感受的素养。

　　一个人在打电话时暴露出的问题，或多或少反映出他素养的底色。而有素养的人，隔着电话，你都能感受到他身上传来的阵阵暖意。所谓"谦谦君子，温润如玉"，他们不会让人尴尬，更加不会伤害别人。

04

　　喜欢开玩笑没有错，错的是没有分寸。真正活泼外向的人，他们喜欢在人群中表现，但是他们的玩笑可以让众人欢乐，让大家认可，甚至喜欢他们的幽默风趣、诙谐可爱。因为他们情商足够高，懂得换位思考，考虑别人的感受，不会触碰别人的雷区和软肋，靠体贴和夸赞来赢得他人的好感。

　　在幽默中把握分寸，在玩笑中做到进退有度、游刃有余，才是真正的素养。坦白讲，真正有素养的人，分寸感都很强，而有句话这样说：讲究分寸感，是成年人的一种素养。所谓的素养，并不是什么高大上的东西，而是藏在你生活的每一个细节里，有的时候，一个人说话的方式、措辞、语气，都能展现出人品的高低。

有时候，每个人的认知差异、学识能力等不一样，对一句话的理解自然不同，这无法苛责。但是，无论如何，也不能以此为借口去伤害别人。

　　所以，开玩笑之前先问一问自己：如果说出口，会不会伤害别人？如果自己是那个人，内心是什么感受？如果答案否定，必须谨言慎行，不要等丢了朋友的时候，才后悔莫及。

姑娘，你落落大方的样子酷极了 **5**

除非互相喜欢，否则所有的喜欢都是心酸

如果爱而不得，千万不要死磕，只能源源不断给你带来伤害的人，趁早放弃。

01

有人说，爱一个人，就是要把全世界捧到面前送给他。这话自然没错，可怕就怕，你以为的全世界，不过是他眼里一个可有可无的笑话。感情里最怕的，就是单恋。

前几天在微博上看到这样一个帖子，是一个男生发的：我是第一次，对一个女孩儿这么好，几乎倾尽一切。我会带她去所有她想去的地方，陪她看所有想看的风景，投入无数时间和精力，嘘寒问暖，绞尽脑汁找话题。但我感动了自己无数次，却不曾感动她一分，她看我的眼神，都是冷冷的。苦苦单恋着一个人的滋味儿，真的太痛了。

我大体去翻了一下评论，几乎都是清一色的感同身受，有一句评论特别戳心：我喝了八瓶酒换来给你打电话的勇气，

换来你的声音，下次能不能用 16 瓶酒，换来你的关心。

记得之前一个女生朋友薇薇笑着调侃说，别人都说我单身，其实我有爱人。

"谁啊？"

"爱而不得的人。"说完这句话，她的眼泪唰地就下来了。

或许，每个说不想恋爱的人，心里都装着一个不可能的人，退一步舍不得，进一步没资格。进退两难，苦苦单恋，一个骄阳似火，一个冷若冰霜。我倾尽所有，你转身就走，这样的爱情，注定天各一方。

02

在一段感情里，得不到回应的爱，多半是不爱。坦白讲，一个同样喜欢你的人，对你的付出和偏爱，不可能没有回应，哪怕只是一个温柔的眼神，一次默契的牵手。但如果他不爱你，一切努力瞬间清零。

金岳霖守护了林徽因一辈子，为了她，终生未娶；薛宝钗想尽各种办法嫁给了贾宝玉，他却在结婚当晚痴痴地叫着"林妹妹"；《最好的我们》中，路星河从最初喜欢耿耿，到后来的 56 次求婚和十年的长情陪伴，都比不上余淮一句：对不起耿耿，我来晚了。

有意义吗？我想，这种单恋最大的意义，不过是感动自己。在不爱你的人眼里，你所有的付出和努力，不过是笑话而已，真的，除非两个人互相喜欢，否则所有的喜欢，都只剩下心酸。

他不爱你，你没办法要求他秒回消息，随时为你开机，也没资格在他和别人暧昧的时候，冲上去痛哭流涕地表达醋意，你没法指望他为你做任何一件譬如"天冷加衣"的小事，相反，你为他午夜梦回多少次，他都毫不在意。

他有错吗？或许无情，但更多的，其实是你在折磨自己。

"我又没有逼过你，是你自愿的。"他一句话，就能让你的堡垒轰然倒塌，不留一砖一瓦。

"如果爱的路上血泪斑斑，那爱已失去意义。"爱情讲究你情我愿，否则，想让一个不爱自己的人爱上自己，比登天还难。所以，既然他不喜欢你，你又何苦逼自己。

03

越长大，越不敢奋不顾身地去喜欢一个人了，除了心累，还有绵绵无尽的心酸。不被爱的感觉，真的很苦，而且被爱的那一个，往往还喜欢恃爱行凶。得不到的永远在躁动，被偏爱的都有恃无恐。

小说《危险关系》里有这样一个片段：郑莉暗恋公司的老总赵胜很多年，赵胜已是40岁的男人了，对她的心思了如指掌，却一直装聋作哑。终于在赵胜离完婚的时候，郑莉瞄准时机，追了上去，他们成为男女朋友。可事实上，赵胜根本不爱她，跟她从来"只有约会，没有未来"，而且，他还一直跟自己的前妻保持着联系。后来，郑莉和赵胜的前妻同时怀了孕，但是他放任三十多岁的郑莉流产，回去跟前妻复婚了。

怪谁呢？骂完赵胜是个渣男之后，我们回过头来看郑莉，不免唏嘘不已。这个世界上真正好的爱情，必然是两个人的结晶，一厢情愿的追逐，真的没意思。

真正完满的爱是什么样子的呢？大概，就是钱钟书和杨绛那种"遇到你之前，我从未想过结婚"的心有灵犀，是王小波和李银河"爱你就像爱生命"的彼此珍惜。

只有互相喜欢，把对方当成自己生命的一部分，才能成就一段美好的姻缘。

04

喜欢一个人，当然要大胆主动地去追，只是爱情也有维度，也讲究是需要适可而止还是坚持到底。如果爱而不得，千万不要死磕，只能源源不断给你带来伤害的人，趁早放弃。与其费力讨好地献殷勤，不如努力去做那个被爱的人，因为被全心全意爱着的感觉，是真的好。

愿你一生努力一生被爱，想要的都拥有，得不到的都释怀，大大方方、豪迈洒脱地过完自己的一生。也相信，总有一个人，爱你如生命，两情相悦，相守一生。

他拒绝了你，但你却不能因此拒绝成长

你要始终相信，那个更好的人，一定在最高的地方等着你。在遇到他之前，你必须努力向上，争取活成最好的模样。

01

好友江江说，喜欢一个人的感觉真好，连空气都是甜的。

是啊，也许爱情是加了糖的砒霜，但还是有很多人奋不顾身地去尝，哪怕结果遍体鳞伤，那个人给予的一点点温暖都会小心珍藏。

喜欢一个人大概就是这样：头像是他喜欢的风格，朋友圈更新是他爱看的书籍和他想去的远方，他的一个赞或者不经意的评论都会让你心花怒放，微信置顶是他，特别关心也是他。

江江像一只受伤的小猫蜷缩在我的身边，内心早已经翻江倒海，表面却很安静地给我翻看微信聊天记录，一页一页，

刻着她无尽的悲喜，也记录着她所有的幸福和崩溃。翻到最后，都是江江一个人的独白，每一句话旁边都有一个红色的感叹号：消息已发出，但被对方拒收了……

江江再也忍不住，突然放声大哭起来，哭得撕心裂肺。

02

在认识他之前，江江是所有人眼里理性的乖乖女，做事循规蹈矩，生活充满阳光，每天过着朝九晚五的生活，却也快乐非常。

直到有一天下班，疲惫的江江走到楼下突然发现忘了关电脑，于是火急火燎地往楼上跑，突然就和一个男生撞了个满怀，江江连声说着对不起，抬头就望见了一张好看的脸，好像在哪里见过。男生淡定地说："别跑了，电脑我帮你关上了，壁纸风格不错，有空一起探讨一下啊。"

江江脸红了，痴痴地点了点头。那天晚上，她惊喜地发现，男生主动添加了她的微信，更开心的是，他的朋友圈里的东野圭吾、香格里拉都是自己喜欢的。江江很激动，心想终于找到了有共同话题的人，那种感觉真的好棒。

那天晚上，江江破天荒地到了凌晨两点才入睡。第二天疲惫地起床，睡眼惺忪地到了办公室，江江发现桌子上多了一杯咖啡。她知道，是男生放在那里的。

03

江江突然感觉到，生活不再那么琐碎，仿佛有些光亮开始慢慢渗透进来了，他们相谈甚欢，他们心照不宣。可是江江却忘了，男生从来没有对她说过喜欢，而江江对他的喜欢，已经深入骨髓。

每天晚上洗漱完，江江就开始陪着他聊天，有时候不理解他的侃侃而谈，就熬夜一点点去查资料。每天更新的朋友圈，也是希望和他产生共鸣，希望他看到自己精神上的成长。

江江真的比以前更努力了，只是这种成长并不是为了更好的自己，而是为了一个或许根本不爱自己的人。

我听很多人说，恋爱中的女生智商都会下降，变成一个失去自我的傻瓜，我并不认同。我一直觉得无论是谁都没有资格和能力让一个女生改变自我的品格和心性。

一个人，尤其是女生，就该在最好的年华里活成最好的模样，好好提升自己。

04

尽管江江很努力，感情这件事，仍旧事与愿违，就像是大牙秦在文章《还没谈过恋爱的请举手》里面写的："你身上挂满了枷锁，怪不得扇动着翅膀，却难以起飞。曾经喜欢在云层里穿梭，最后却只能在地表层上腐烂。"对于江江来说，他就是一把枷锁，牢牢锁住了她的心。

最后的结果，可想而知，一切都是江江的一厢情愿。男生不过是公司的一个实习生，很快便离开了职位。

也就是他走的那天晚上，江江发现所有发出的消息旁边都多了一个红色的感叹号：消息已发出，但被对方拒收了……

江江一个人哭了一夜，哭到眼睛红肿。她孤单又绝望，被自己深爱的人拉进了黑名单，却连个倾听原因的机会都没有，真的好疼啊。就像是你自己抱着一个碎了的花瓶，手指滴着血，还要努力对着所有人说，花瓶真的好漂亮。

江江说，不是男生的错。听同事说，他也感觉江江喜欢自己，但是很多现实因素不允许他动感情，所以为了不耽误她，干脆断了消息，放手两清。

05

其实说实话，我并不想去过分苛责男生什么。在感情里从来不存在什么对错，爱情像是一个放不正的天平，很多时候，总是一个愿打一个愿挨，总是一个甘心死去活来，一个转身天涯，潇洒自在。

我只是很心疼很心疼，那个明明披着薄如蝉翼的铠甲却不得不装作刀枪不入的姑娘。

傻吗？根本无从说起，因为这个世界上的爱情，不管是两情相悦还是一厢情愿，都不容易。

爱情是一把镶着玫瑰的刀，倘若使用得当，方可心波荡漾，情丝万千，又或盈香润梦，犹念誓盟；若稍使用不当，轻则抬眼隔海，背对隔山，重则焚心叛离，鲜血淋漓。

爱非司空见惯的当然，也非顺理成章的必然，或许只是一个眼神融化心冰的偶然。

只是如果他不是那个可以融化心冰的人，你就只能对着消息旁边的感叹号兀自惆怅。

被深爱的人残忍拒绝，确实疼得入骨穿肠。所以我只希望，那些受伤的姑娘，可以因此坚强成长起来。

从来都没有什么道理可以让一个人在爱情里坦坦荡荡，身不由己不是你的错，但是懂得了爱一个人有多难，就不要再随随便便付出感情，怀抱希望，有时候你所谓的付出和感化，只会让他渐行渐远。

好姑娘应该懂得，遇到真正值得爱的人，就该大大方方，轰轰烈烈。对于无法确定的暧昧，不贪恋，不怀念，不死死抓着温柔的昨天不放，不在不确定的感情里挥霍时光。只要你同意，只需你愿意，没有什么苦是不能吃的，没有什么执念是放不下的，更没有什么人是忘不掉的。

然后，就像一株苍翠欲滴的青竹，干干脆脆，拔节生长。你要始终相信，那个更好的人，一定在最高的地方等着你。在遇到他之前，你必须努力向上，争取活成最好的模样。遇到他的时候，所有的匍匐都会变成礼物，所有的痛苦都会回甘入土。

　　对方拒收了你的消息，没关系。我相信所有曾经被深爱的人拉黑过的姑娘，总有一天会成长得比人们期待的还要好，那一天你会发现，那个曾经拉黑你的人早已经无法承受你的光芒。

　　江江会做到，你也是如此。

放弃深爱过的人，你后悔吗？

　　赴汤蹈火付出的爱，可以偶尔用来怀念，但要放弃深爱过的人，余生绝不留恋。

01

　　"白子画，今生所做的一切，我从未后悔过，可是若能重来一次，我再也不要爱上你。"这是电视剧《花千骨》中女主角花千骨临死前说的最后一句话。深爱过，心痛过，所以即便香消玉殒，也无法悔过。

　　可是，这世间的感情，本没有两全，就算后悔可以换来爱情，也不值得。失落和挫折本就是人生常事，所以，何必苦苦纠缠不放，爱就痛痛快快爱一场，散场也落落大方。没有什么过不去，更没有谁对谁错，一切不可重来。曾经认真地喜欢过、追求过，在放弃时，也依然不后悔不纠缠。

02

为什么劝你，对于放弃的那个深爱过的人，一定别后悔呢？因为感情不可控，因为后悔也没用。歌曲《体面》里这样唱道：我爱你不后悔，也尊重故事结尾。在《前任3》这部电影里，林佳爱着孟云的时候，那种心跳加速、小鹿乱撞、悸动不安的感觉，都是切切实实的，像血液循环，悄无声息，但生气蓬勃。

爱的时候是真的，但是不爱了，也是真的。你总不能耗尽一生，换一句他的有可能。分手之后的林佳和孟云，虽然依然时时刻刻惦记对方，而事实上，他们怀念的，不过是当初深陷情网、无法自拔的自己，无法释怀的，也是用力付出过的自己。

幸好，故事的结局，他们选择和过往和解。感情就是这样，分开了就是分开了，你再怎么午夜梦回都是徒劳，错的人就是错的人，也从来不会因为你能忍，或者很能熬，就摇身变成一生的依靠。

没什么好后悔的，没用，更不值得，毕竟这一生需要经历的事情太多了，千万不要让多余的糟糕情绪，耽误了真实的人生。爱就爱了，分就分了。分手应该体面，爱过就别回头，才是成年人在爱情里该有的样子。成熟的恋爱观里，不存在那么多忸怩作态，世界每天都在上演着分分合合的故事，如果每次都要撕心裂肺一场，恐怕眼泪都要分批使用。

假如一段感情需要你用极低的姿态去汲汲索求，去苦苦挽留，那就真的没必要再继续。坦白讲，追不到就算了，放弃了就别回头了，委屈自己太没劲了。装睡的人，你叫不醒，不爱你的人，你感动不了。

所以，我越来越羡慕那些落落大方的好姑娘了。朋友小美，就是这样一个看得开的女生。分手之前，她有多爱前男友，所有人都知道。分手之后，她有多洒脱，所有人也看在眼里。

"你不后悔?"很多人这样问她，毕竟，他们几乎是所有人看好的金童玉女。

"为什么要后悔? 委屈自己落泪，不值得。"

她只是很平静地说，自己确实深深切切地爱过了，没有留下什么遗憾，未来，一定会有更好的人值得她去爱。该过去的，终究只是回忆一场;该放下的，就该落落大方地放下。不能因此就失去了对爱情的信任，更不能因此就失去了自我。

说真的，那一刻听着小美的这些话，我确实被她的勇气和气场所折服，很多失恋的人，总是口口声声说后悔，像她这样落落大方的倒是真不多。对过往的一切情深义重，但从不回头;内心有足够的气场和定力，不缠着痛苦不放，不在悲伤里沦丧，爱就好好爱一场，分手也落落大方。

03

别爱太满，物极必反。所以，我还是希望你，面对那个深爱过的他，可以洒脱一些，骄傲一些。张幼仪曾那么卑微而用力地追求爱情，放弃了花花公子徐志摩后，不也成长为美好大方的模样了吗？越长大，我们越会发现，这个世界，没有谁离不开谁。

曾经赴汤蹈火、用尽全力付出的爱，可以偶尔用来怀念，但已经放弃的人，余生绝不留恋。也希望请你始终相信，上帝让你放弃那个错的人，未来，一定会遇见更好的人。张皓宸写过这样一段话：有时候，爱情就像刚好在赶不同的列车，原本以为能长久同行的人，结果提前下了车，看似遗憾，但人山人海，总要允许有人错过你，才能赶上最好的相遇。

以前之所以没有边走边爱，是因为你一个人，就挡住了人山人海。但是未来，我会嫁给一人，可能不如你，但他一定不是你。虽然我深深爱过你，但放弃你，从不曾后悔。余生，不惊不扰，花开正好，一别两宽，各自成长。

姑娘，你落落大方的样子真的酷极了

一辈子那么长，谁没有几个爱不到的人啊，谁没有几次撕心裂肺的失恋啊，谁不曾失去过一些珍贵的东西啊，不过是生活的必经之路。

01

小时候看多了电视剧里的关于爱情的桥段，但对爱情的理解似乎一直都是懵懵懂懂的。总以为所有的恋爱都是你侬我侬，所有的分手都是痛不欲生。以为遇到了一个人就遇到了一生，失去了一个人就失去了余生。

故事中，那些沉迷热恋的姑娘大都为爱情赴汤蹈火，倾尽所有的悲欢，为了那段难得的爱恋和那个好容易追到的人活得小心翼翼，乐其所乐，忧其所忧；而那些失恋分手的姑娘们，更是难逃痛苦的魔障，喝酒买醉，绝食，购物，用各种五花八门的方式发泄折磨自己，那种憔悴的样子真是让人心疼极了。

我也一直以为，爱情就必须是青春偶像剧里那般轰轰烈烈的模样。直到遇见了维，我才明白，爱情完全可以有另外一种别样的姿态：在细水长流的感情里各自成长。不惊不扰，花开正好。

02

　　认识维的时候，她刚刚分手不久，可是面前的这个姑娘，谈吐中丝毫看不出失恋憔悴的痕迹，反而在我这个新朋友面前显得落落大方，气质可嘉。也就是在这场叙述中，我了解了维的故事。

　　和大多数姑娘一样，维也是从看偶像剧的年纪走过来的，随着心性的成长，维对爱情也有了纯净澄澈的渴望。加上好看的容貌，很顺利的，维也开始了一段甜甜蜜蜜的恋爱旅程。

　　可是和别的姑娘不同的是，维天生就是一个特立独行的妞，事事喜欢亲力亲为，也习惯了一个人扛起生活的重担。虽然她很喜欢自己的男朋友，但是两个人在一起时一直都处于不温不火的状态，既没有和其他情侣一样天天黏在一起，也没有彼此讲情话告白热恋拥吻的激情。维说，估计是性格使然，她没有太在意这些，这大概也是他们分手的一个原因吧。在男友眼里，维一直是冷冷的样子，他是个优秀的人，大概需要的是那种小鸟依人的可爱型女生，维显然有些强势了。

　　爱情里很怕一件事：一个骄阳似火，另一个却冷若冰霜。

再比如，你喜欢阳关大道，我却喜欢深林小桥，这样的爱情，注定天各一方。

那么不经意却又冥冥之中的，这段爱恋终究以分手告终，维也从对恋爱的懵懂渴望变成了故事中那个失恋的姑娘。我也以为，她会模仿自己看过的故事，深深地痛一场，然后信誓旦旦地声称此生不会再爱了。但是我错了，维并没有因此就失了控，发了慌，也没有哭得撕心裂肺，闹得沸沸扬扬。

她只是很平静地告诉我，自己确实深深切切地爱过了，没有留下什么遗憾，无论是人还是感情，过去的事情就让它过去吧。

03

之所以喜欢维这样的姑娘，是因为她们把情绪处理得恰到好处，不在大悲大喜中痛不欲生，那种干脆利落、落落大方、游刃有余的样子真的酷极了。

落落大方是一种修养，也是一种难能可贵的品质，人情世故的处理需要这种品性来温存，爱情也是。这是一种心性的强大，也是一种理智的成熟，懂得什么该放下，理解过往云烟一场，没有必要为了某个纠结的瞬间痛得死去活来，也没必要为了一次爱而不得就放弃美好的想象。如果早些懂得了这个道理，你就会和维姑娘一样，又怎么会有那么多不得已萦绕心间，挥之不去。

我并不会嘲笑那些陷在失恋的漩涡里饮酒买酒、失眠痛哭的姑娘，我只是很心疼她们走不出来的样子，因为某个失去的人，把自己封锁起来，封闭在牢笼里用悲伤麻醉自己，一定很痛吧。

但是人生在世，一辈子那么长，谁没有几个爱不到的人啊，谁没有几次撕心裂肺的失恋啊，谁不曾失去过一些珍贵的东西啊，不过是生活的必然。

不过痛归痛，但是不能让它影响到你的余生。经历得多了自然会明白，这些不过是给你一份生活的历练罢了，这历练包括豁达的心性和游刃有余的能力。然后你像向阳花一样再次沐浴在阳光里，落落大方，洒脱成长，实在是美极了。所以能真正做到落落大方的姑娘，都是特别美好、特别勇敢的好姑娘。

苦闷和压抑可以是外界给的，定力和勇气却是自己修炼的。愿你我都拥有欣欣向荣的爱情、落落大方的气场和积极向上的成长，在最美的年华里，成长为洒脱的模样。

过往不惦念，幸福向前看

我们允许回忆的存在，但是不允许用回忆刺痛未来，你总不能巴望着当下的新人，去重复以前的剧本。

01

闲来无事的时候，陪老妈一起看孟非主持的一档相亲节目。

其实一开始，我是冲着独立女孩儿钱灵惠去的：活得独立而美好，自我意识强烈，不依附他人，但期待爱情与婚姻。看透生活的残酷，依然选择温情，非常讨喜。

她的手上有一大片疤痕，小时候因为父母的过失造成的，为此，她的父母愧疚了十几年。然而，她从未对此耿耿于怀，反而大方地告诉所有人：爸爸妈妈从没有亏欠过她，已经给了她最好的爱。而且，这块疤痕并不能成为她追求幸福的阻碍，反而是这个护身符，让她更加期待未来。

我想，这样的姑娘最难能可贵的地方，就是对世情看得透彻，对世界拎得清。对过往的一切情深义重，但从不回头，明白未来可期，所以努力用最优秀、最完满的自己，去追求理想中的幸福。

　　后来又来了一个姑娘，同样二十多岁的年纪，却是天壤之别。名字不记得了，她没有爸妈，跟着爷爷奶奶长大，离过婚，如今是一名老师。她来参加这个节目，就是为了一个网红男嘉宾。而且她一上台，就展示出了对男嘉宾的喜欢，大方告白，坦言：如果他们可以牵手成功，以后家里所有的地位、财富、大小事情都由男生说了算。

　　我的心突然一紧，有些说不出的滋味儿。姑娘从小缺失了亲情，也丧失过一段爱情，但是很显然，她在重新面对一份感情的时候，还是把以往的那些伤痛，当成了自己不被爱的理由。但是，幸福始终是要向前看的啊，一个人自身的价值，从来不会因为他经历的苦难而贬值。反而是那些经历给他带来的成长，让他变得价值不菲。

　　我想起我的小姨，过年的时候因为老公出轨，选择了离婚。按理说，小姨的条件一点儿不差，怪只怪当初遇人不淑。然而，离婚之后的她，却好像变了一个人：双眼皮做了微整，买了很多昂贵的名牌衣服、金银首饰，意欲脱胎换骨。诚然，变好变美这件事本身没有错，错就错在，她做这些的目的，只是为了赶紧找到下一户人家，把自己嫁出去。

二十多岁，因为离了一次婚，活生生把自己变成了一个盼嫁的人。甚至，她妄图把所有的筹码，押在一个男人身上。然而，事实的残酷就在于，愈是背负着过往的伤痛给自己贴标签，愈是容易陷入另一个怪圈。

暑假回家的时候，小姨新谈了不到半年的男朋友，再次离开了她。心疼，是真的，但是懊恼也是真的。一个对过往的伤疤念念不忘的人，其实才是真的懦弱。并不是要彻底抛开过去的回忆，将以往通通忘却，而是故事既然要从头讲，主角是要大换血的。你总不能巴望着当下的新人，去重复以前的剧本。

02

你相信吗，关于爱情，最可怕的便是念念不忘，失去一段感情，念念不忘，有了新的感情，还是念念不忘。大概就是：分手之后，我再也没有办法活成没有你的样子。喝酒买醉，撕心裂肺，可依旧还是难掩心里滴血般疼痛的苦涩滋味，推不开，躲不掉。说实话，没尝过恋爱的苦，真的很难理解那种思念难掩的苦涩。

"因为想他，做梦哭醒，失眠到凌晨。"前几天有个姑娘给我留言，"我也好想忘了他啊，明明都分手了，可自己还是没出息地想他，脑海里全是他，可偏偏一想到他就会哭得痛不欲生，明明说好给我穿婚纱的，他怎么就要娶别人了？"

几句话，看得我瞬间泪目。渐渐清楚，想念一个人，呼吸都会跟着困难，胃也会跟着一起抽搐，仿佛心口被人划开一道口子，然后用力抓着狠狠揉搓。就像梁静茹在歌曲里唱的："想念是会呼吸的痛，它活在我身上所有角落，哼你爱的歌会痛，看你的信会痛，连沉默也痛。"毕竟曾经爱过，梦里都是他的情话，可梦醒时分，他的情话是说给别人的啊。

我一直觉得，最好的前任，应该是彼此互相拉黑，删除一切联系方式，从此消失在对方的生活里，这辈子都不要再出现。然而，谁甘心就这样彼此无挂无牵？总有些人要藕断丝连，要不然凭何怀念。

留恋前任最明显的一点，就是舍不得拉黑对方。

"他终于秀恩爱了，看到他爱别人的样子，才知道他从没有爱过我。"朋友果果分手之后，一直都是无忧无虑的样子，直到有天她点开朋友圈，拉着我看她前男友的照片。没过三秒，她一直精心伪装的坚强堡垒，轰然倒塌。是的，当初说分手的是男生，苦苦哀求保留联系方式的，却是果果。然而，一厢情愿，就得愿赌服输，藕断丝连不见得有好处。

你盯着对话框出神，幻想像当初一样收到他的情话和关心；一页一页翻看那些写满悲喜情绪的聊天记录，妄图在里面看出个所以然；你每天无数次翻看他的朋友圈，他随意分享的一首歌你都要脑补好久，甚至凌晨发一条仅他可见的说说，期待他能点个赞，似乎能弥补些什么。

可是，你错了。他之所以答应你没有拉黑，不过是为自己的冷酷找份体面的借口而已。但你呢？你辛辛苦苦准备好所有的服装道具，准备风风火火地导演一出大戏，可是很抱歉，他并没有答应要演你的主角，一切都是你在自导自演。

所以，分手之后，不果断放弃联系，频繁加戏的后果，除了让自己难过，没有任何好处。

03

忘不掉一个人的滋味，大概就是：明明身边没有他，可一转身，全是他。走在路上，看到某双纯白的鞋子，看到某个好吃的甜点，甚至公园里绿荫下的某条长椅，都能矫情地哭出声。

你想起他接过鞋子时幸福满溢的目光，给你买甜点时洒脱的背影，想起你们并肩而坐时岁月静好的样子。其实，什么都没有变，只是少了他的陪伴，甜点也变得不那么甜。

我亲眼见过一个男生，因为在电影院买了一桶爆米花，蹲在地上大哭不止。他说，以前都是两个人一起吃，如今让他一个人如何吃得下啊。

我想，前任做得最残忍的事情，就是把他的一切揉进了你的骨子里，然后生生碾碎。所以后来的很多日子，你都无法对着那些和他相关的物件、地点、美食，巧笑嫣然。

没有了爱也没有了烦恼，只是回忆抹不掉，连你熨过的衣服，隔了好久似乎还有温度。很多人说，分手之后，自己和前任变得越来越像，甚至发现自己的现任恋人，哪里都不如他。以前对他的一切挑挑拣拣，后来自己慢慢变成了他的复现。

你会发现，眼前这个人再怎么努力，好像都不及他的十分之一，他说过晚饭要吃三分饱，睡觉不要开夜灯，女孩子要及时补美容觉。他曾经教给你的一切，都变成了后来衡量别人的标准模板，以至于后来认识的任何一个人，好像都不如他懂得多。

其实啊，哪里是他真的有那么完美，不过是你贪恋他教会你如何去爱。抛去这些，你心心念念的人，其实也不过如此，因为失去原本就是一个接受遗憾的过程，所以才变得如此艰难。

可，终究要释怀的，不是吗？

生活开过最多的玩笑，就是把一个个曾经心心相印的人，从我们身边带走。对于爱情来讲，他们被称为"前任"，毕竟曾经深爱过，所以忘记才变得艰难。

只是，你见过爱情对谁格外宽容过，总要撕心裂肺地痛过几次，才能理解个中的苦涩。

一段感情的结束，代表的不仅仅是两个人的离别，而是再也不要走进彼此世界的决绝和勇气。就像一起坐过一辆列车，原本以为能长久同行的人，结果提前下了车，看似遗憾，但人海茫茫，总要允许有人错过你，才能赶上最好的相遇。

总有一天，教会你爱的那个人，也会把这份温柔完满的爱，认真打包，送给别人。就像电影《前任3》里，林佳会记着孟云的好，然后和别人结婚生子，余生，你也会嫁给一人，可能不如他，但一定不是他。

毕竟，你总不能耗尽一生，换一句他的有可能，生活中本就充满了失望，不是所有的等待都能如愿以偿，你且笑对，不必慌张。别后悔曾经爱过的那个人，但更要珍惜眼前人。

04

不想把念旧这件事放大，因为它是有情怀在里面的，很多事情一旦加入情怀，就没了可以反驳的理由。你永远不能逼迫一个老人去忘记多年前流离失所的伤痛；你也没有办法让那个在天灾中失去妻子的男人，彻彻底底地把那个女人在脑海中抹去。毕竟有些事情，忘掉了才是真的残酷。

但是，如果那个老人借曾经的故事倚老卖老，甚至卖惨，如果那个男人带着对死去妻子的爱和另一个女人结婚却不知珍惜，这样的惦念，肯定不值得尊敬。

我们允许回忆的存在，但是不允许用惨痛的回忆刺痛可期的未来。

所谓的"念念不忘、必有回响",在心态上,还是有层次区分的。关东野客有一本书,叫《我会记得你,然后爱别人》,里面有这样一句话:"愿你不辜负受的苦,等的人也如约而至。"

失恋、分手、离婚,这些事情本身,不过是从人生一个阶段跳到下一个阶段,如果非得画上一个标点,句号舍不得,那就用分号。

太过生硬的转折,很难淌过"人之常情"这一关,所以有的时候,需要给自己的人生一个台阶。每个阶段可以彼此有共情和交集,也可以有借鉴和沟通,但互不干扰,整齐独立地存在,才是最好的姿态。

看电影《匆匆那年》的时候,被陈寻抛弃的方茴,一度活得像个行尸走肉,疯狂自虐,死死哀求,抛下一个女孩儿所有的自尊。换句话讲,和陈寻的那段轰轰烈烈的过往,已经让她失去了继续生活的勇气,变得颓丧、无助、绝望。

直到电影的最后,方茴穿着一袭红裙,身后是漂亮的澳洲大地,仪态优雅地出现在镜头里,惊艳了所有人。

我想,那个时候的她,才是真的放下了那段固执和那个看似遗憾却值得珍惜的自己。下一个故事的开始,她依然是幸福的主角,笑着迎接属于她的未来。

我们期待未来,未来这两个字的意思,就是还未来到的人和事。因为人生最大的乐趣,就是未知。我们唯一能做的,就是努力用最饱满的热情，最精心的准备，去期待并拥抱它。不断向前看，是一种豪放的心态和必然的成长，前进的路上可以随意张望，但就算不小心被玫瑰的刺戳伤，也要拍拍肩膀，咬牙继续上路。

毕竟，我们无法猜测下一个路口，是蔷薇还是牡丹，是百合还是丁香，要去看看的，不是吗？

属于你真正的幸福可能正在马不停蹄赶来的路上，千万不要被过往的伤害绊住脚步，错失了真正的美好啊。

撩的往往随心所欲，喜欢都是小心翼翼

喜欢你绝不敢轻易声张，想让全世界知道，又害怕全世界知道。

01

曾几何时，还有人在歌颂"一生只爱一个人"的夕阳爱情。如今，却是更多的人在抱怨不再相信爱情。不是人在变怂，反而是因为更大胆，脱口而出都是甜言蜜语，仿佛下一秒就可以喜结连理。随便到连真真切切的喜欢都变成了奢侈。

尤其是在手机盛行的时代，动动手就可以轻易发出"我爱你"，听到的情话实在太多了，连哪个人是真心实意，都需要自己去判断。

"撩"这个词在网络上一度十分火热，可是，你知道喜欢和撩的区别吗？很多时候，撩一个人，是不需要费思量的，哪怕对对方只有百分之一的好感，也愿意抖抖手指，把真假参半的情话砸过去。而喜欢一个人，则不是这样随意的，会

珍藏，也会保留，会小心翼翼地准备每一个眼神和动作，对对方的一切了如指掌，却从不故意声张，按时表达自己的关心，发个"早安"会发慌，收到群发的"新年快乐"，也会浮想联翩。

随心所欲地撩一个人，可能很爽，但小心翼翼地喜欢一个人，真的很酷。

02

闺蜜曾问过我一个问题：那个认识了不到两周，每天对她说早安晚安等各种甜腻的话，开心了各种亲昵，烦了各种轰炸，却从不约她吃饭见面的男同事，是不是喜欢她？

我脑子一热，回了过去：姑娘，这不就是撩你吗？

她不明白，竟然傻傻地鼓起勇气去质问人家，结果那天晚上，就被对方拉黑了。

她回来找我哭："说了那么多好听的，敢情都不算数啊。"

其实最开始就该有预感的，如果对方真的喜欢你，不可能天天用这种暧昧不清的方式来建立关系。大家都是低头不见抬头见的同事，如果真的喜欢，肯定巴不得一起坐到某个阳光温热的咖啡馆聊人生，而非虚幻的甜腻。说白了就是，不喜欢，撩撩而已。喜欢撩人的男生是什么心态呢？大概就是觉得你还不错，挺漂亮，也有才华，性格也不错，你们一起聊天挺有意思，也能玩到一块儿去。

但如果你们之间真的要说出个什么所以然，他会赶紧后退一万步，连忙摆摆手：不了不了，我们是知心朋友而已。

你不过是他"食之无味、弃之可惜"的人，累了乏了靠一靠，招惹够了，也就毅然转身，头也不回了。所以，别思慕，想太多害的是自己。

03

喜欢一个人的方式，其实有很多种。有人送玫瑰，有人点彩灯，有人说情话，有人去旅行，还有人聊天到天明。可纵观也好，横看也罢，所有的做法都有一个共同点：为了那个人，悄无声息、不动声色地把所有的好小心翼翼地奉上。

喜欢你绝不敢轻易声张，想让全世界知道，又害怕全世界知道。紧张又兴奋，矛盾又彷徨。不敢肆意挥洒，更不敢把平时的百态尽露，好似一头温顺而害羞的小鹿，发条晚安的信息都会紧张好久。

小时候喜欢看《纵横四海》，始终不明白一件事：发哥明明也喜欢红豆妹妹，可是却偏偏把她让给了哥哥。那时候以为是兄弟情谊，后来长大再看，突然明白了那段台词：其实，爱一个人并不是要跟她一辈子的。

我喜欢星星，可是却不能把它摘下来欣赏。我喜欢风，可是风却不会轻易驻足。骨子里透露着真情，言辞里却透露着谨慎。不奢求得到你，好害怕一不留意，连默默爱你的机会都没了。《匆匆那年》里，乔燃和陈寻一样爱着方茴，可他的喜欢不似陈寻那样夹杂着刺骨的疼，他只知道默默保护她，只要她开心，他甚至可以忍着相思的煎熬，不去打扰她。乔燃最明显的告白，不似陈寻那样张扬地把他们的名字写在黑板上，不过是轻轻伸出手："我能抱你一下吗？"

可观众都能感受到，乔燃的一句问候，也是真真切切的喜欢。

04

说实话，我挺不喜欢"撩人"这个词的。撩似乎是一个暧昧不清的中介词儿，夹在"喜欢"和"不喜欢"中间，像是一根跳绳，有时候高高飞起似步入云端，有时候又低到尘埃里尴尬到无地自容，像是喜欢和讨厌这两个词里的第三者。

只不过它的表面斑斓无比，披着随性潇洒的外衣，在烟火气弥漫的人间，在喧腾和欲望充斥的人群里，翩然起舞。可是内里呢，却模糊不清，捉摸不透，诱惑着人去探寻，最后却极有可能只得个空手而返。

爱一个人，至少要表里如一。不是只强调外表和内心，而是你的目的和行动，是否真的一致。答应女孩子陪她过生日，是不是真的用心准备礼物；给她说许多早安晚安，是不是真的关心她的睡眠，而非无聊找人聊天；送她好多句甜蜜的情话，如果她当真了，是否真的可以负责任地照顾她。

如果做不到，赶紧放开你的所谓"喜欢"，别用"撩"来迷惑她。真诚的感情才经得起考验，而随口说说的誓言，不过云烟。终究要在时光流逝中消散的。

我希望有个人，可以陪你在无眠的深夜聊天，给你说好多好多"晚安"。可是我希望它的含义，不是对方烦躁无聊了或者累了，而是他知道熬夜不好，不想让你受到任何伤害。

　　哪怕他什么也不说呢，不过是怕打扰到你，才伪装得像个不动声色的大人。喜欢一个人，傻里傻气，小心翼翼。撩一个人，直来直去，随心所欲。可撩人的欣喜不过一瞬间，喜欢一个人，细节里都藏着无尽的欢喜。岁月漫长，余生很远，请用无尽的真情来灌溉。

他暧昧成瘾，你却动了心

　　爱是蜜糖，而一段没有告白的暧昧关系，就像一杯索然无味的白开水，饮之心酸，弃之不甘；也像一扇没有上锁的门，随时都可能有人趁其不备，乘虚而入。

01

　　前几天和一个玩得不错的老乡一起去车站买票，闲暇之余，我们俩有一搭没一搭地开始聊天。聊着聊着，聊到了恋爱的话题上。他很不好意思地问我："你说，为什么女孩子非要一个正式的告白才肯确定恋爱关系？一个形式而已，真的那么重要吗？女孩子就是麻烦。"

　　我反问他："你觉得，一个连告白都不肯好好准备的人，真的能做一个可靠的男朋友吗？"他有些吃惊，但是显然又不同意我的观点，于是笑着和我打哈哈，巧妙地避开了这个话题。

　　可是回来之后，我还是不能平静，因为想起了朋友沈曼。

02

沈曼读大一的时候，偶然认识了一位社团的学长。可能是来自同一个城市的原因，学长对她貌似格外照顾。除了每天和她按时道早安晚安不说，有空还会单独约她出来吃饭。为了和她一起上自习，会借口给她送自己整理好的高数笔记。下雨的时候还会关切地问她有没有带伞，有次沈曼生病了，那个学长还亲自跑到医务室给她买了退烧药。

弄得沈曼宿舍的舍友们一致认为：学长喜欢她。其实别说别人八卦，连沈曼自己都这么觉得。那段时间，她的脸上每天都洋溢着恋爱的幸福。然而一天、两天、三天……将近两个月过去了。沈曼有些恍然，她一直心心念念的告白，学长怎么从来都没对她说过？或许是他害羞不敢说，也可能是不想太草率，想给她个惊喜吧。沈曼依然觉得挺幸福的，她最喜欢惊喜了。

可是有一天，她在去图书馆的路上，撞见了学长和另外一个女生肩并肩谈笑风生。她当时脑门一热就冲了上去："她是谁？"学长脸上划过一丝不解，然后瞬间淡定下来，坦然说道："有什么关系吗？你又不是我女朋友。"

沈曼顿时傻了，可是人家确实没跟她表白过，也没说过他们就是恋爱关系，一切都是沈曼自作多情。她愤愤说道："后来我才知道，原来这个人和多个女生在搞暧昧，却一个都不曾表白过。这种过尽千帆皆不是的渣男，算我瞎了眼了！"

沈曼说这些话的时候，眼睛里全是泪水。很明显，沈曼这些日子都在很用心地经营这一段"恋爱"关系。然而对方只不过是个阅人无数暧昧成瘾的渣男，她却用了心、动了情。

03

现在很多人都觉得，告白变得越来越虚假了。尤其是男孩子，更是觉得告白是一件麻烦的事。喜欢一个女孩子，就对她各种讨好，各种殷勤，等到女孩感激涕零的时候，就会顺理成章地和他在一起，听起来多容易，整那么多有的没的干什么呢？

可是，不告白的恋爱，总是缺少了一点仪式感，就像是运动员拼命地向前跑，终于拿到了第一名，却没有颁奖仪式。一个真正爱你的人，是不会连告白都舍不得为你花时间准备的。告白了，我们就是恋人关系，我就可以光明正大地牵你的手、坐你的车，不至于你通讯录里某个暗恋对象跑过来，我却连吃醋的资格都没有。

告白不仅仅是种形式，更是一种身份认可和宣告，一种对这段感情负责的态度。都市剧《欢乐颂》里面的赵医生，之所以受到大多数女性的追捧，恰恰就是因为他是一个情商极高的人。他在认定曲筱绡做女朋友之后，立马拉着她拍了一张合照，然后第一时间发到了朋友圈。

赵医生的这个举动看似很小，实际上却包含了很多内容，发朋友圈是一种认可，说明他承认你的存在，并且还要让所有人知道你们的关系。快刀斩乱麻，不给潜藏的其他爱慕者任何机会。

04

总有人说，缠着男生告白的女孩子都是因为生性多疑，缺乏安全感。没错，一个女生愿意跟你谈恋爱，除了喜欢你这个人，她在这段关系中也需要获得相应的信任度和安全感。她不是渴望多么隆重多么豪华的告白仪式，而是需要通过这个仪式来确认，你对她的爱是独一无二的。哪怕这并不能证明什么，她还是希望她爱的人，能给她一份义无反顾的勇气。

她的安全感，刚好来自你对这份责任的接受和承担。而如果你偏偏对此不重视，就会在她心里筑起一道坎儿，她再怎么宽容懂事，也很难迈过去。

正式的告白，是一张确认感情的通行证，不要将太麻烦太幼稚当借口，真正高情商的人，不但注重内容，对于形式也依然做到妥帖，给喜欢的人充分的安全感。真正喜欢一个人，在对方眼里，你是上天赐予的最好的礼物。别说一个告白，他会恨不得告诉全世界这份感情。女孩儿希望得到这份认可，真正用心爱你的男孩子，何尝不一样希望宣告这份独一无二的爱恋呢？

　　爱是蜜糖，而一段没有告白的暧昧关系，就像一杯索然无味的白开水，饮之心酸，弃之不甘；也像一扇没有上锁的门，随时都可能有人趁其不备，乘虚而入。所以，如果真正爱一个人，那就给她一个完美的告白吧。

　　她只是希望自己爱上的，是一个同样全心全意爱她的人，而已。

当爱走不动，就勇敢放手吧

你自己不努力，凭什么要求别人和你一起不努力呢？

01

闺蜜分手了，就在前几天。

说起来有些心疼，她已经和这个男生在一起三年多，这段时间，陪伴在闺蜜身边的，始终是那一个人，其中的感情有多深厚，更是不言而喻。

或许会有人想到"作"这个字眼，没错儿，在我们所有的观念和惯例里，从校服到婚纱，公主和王子的童话，才是摆得上台面的正版高清大片。

很少有人能轻易放弃一段多年的感情，但如果这份感情无法继续下去，及时放手无疑是最明智的选择。闺蜜的果断放手很大程度上是因为男生的不上进。他们在一起的这三年里，闺蜜为了让这段感情有更好的发展，不断在各个方面充实提升自己，努力学习，努力变美，努力变得更优秀，把自己变成了一个闪闪发光的人。反观男生，就有些相形见绌了。

"我可以忍受一个男生没有钱，但我没有办法忍受一个男生一直不赚钱。"闺蜜说，这几年里，那个男孩没有做出一点成绩，甚至每次他们出去玩，都是闺蜜在花钱，久而久之，她的收入，很快就支付不起两个人的开销了。

最可怕的是，男生一直以自己的自尊心为借口，不想向家里要钱，另一方面，又不愿意去外面赚钱。懒惰和不思进取，是摧毁一个人最强烈的毒药。闺蜜一直坚持的原因无非是这个男生真的爱她，但是没有上进心这一点，也是让她放弃这段感情的最后一个心痛的理由。

成年人的世界里，没有容易两个字，再坚定的爱情，也抵不过现实的残酷。

02

是的，我们都过了耳听爱情的年纪，你向往那种"手牵手一起看夕阳"的爱情，但如果没有充分的物质保障做基础，这种爱，也许真的走不动，而一份走不下去的爱，没必要当作全部的筹码抵押给未来。

还是有很多人会愤愤不平：两个人在一起，爱不应该是最重要的吗？可是她不是没有给这个男生机会，只是年纪越大，越没有办法相信那些信誓旦旦的情话。美好的情话就像隔着玻璃的蛋糕，再怎么美好甜蜜，也触碰不到。活得现实并没有错，如果非要与童话挂钩，没有相应的资本，仅凭爱这一个字，很难维持一段妥帖的感情。

我看过这样一个视频，和闺蜜的故事非常相似：一个女孩和男朋友挤在一个出租屋里，男生是名校毕业，出身比女孩好，所以，毕业之后一直不想去工作，希望自己创业，所以就每天蹲在家里，对着电脑敲敲打打。而女孩呢，每天去批发一些蔬菜，还有小玩具，去各个市场和人群密集的地方卖货。男孩每天信誓旦旦打包票，女孩儿每天累死累活地摆地摊。

然而，时间一长，女孩实在撑不下去，她小心翼翼地劝男生去工作。没想到，男生不仅对自己长期在家待业没有负罪感，而且还嘲笑女孩，做那种垃圾的工作。

可不到两个月，女孩就被一家上市公司看中了，因为她懂得销售，也理解市场。去上班的那天，她和男生说了分手。临走前，她对他说："希望你可以明白，生活，不是只靠你所谓的爱，就可以走下去。"

说和做，永远是两码事。不要仅仅用口头上的承诺去绑架另一个人的人生。

03

记得网上之前流传过一个很火的帖子：不要和太"穷"的男孩子谈恋爱。

这里所说的"穷"分为两种，第一种是原罪型，受家庭环境、个人能力等因素的影响，没办法直接给你富足的生活，这种完全可以通过后天努力来改变；第二种是心智穷，这种贫穷和先天因素无关，而是一个人明知道自己穷困潦倒，还丝毫意识不到。他不懂得如何去让自己变得更好，而是对眼前的生活无比满意，更有甚者，觉得爱情就是生活的保障，另一半的付出理所应当。

贫穷不是过错，但心安理得地以此为借口，持续性不思进取就有问题了。之前看过一个综艺节目，一个长相平平、喜欢玩音乐的男孩子，直接开口说："我没有太多收入，也没有车子和房子，哪个女孩愿意和我牵手，就要陪我一起吃苦，而且你也要有足够的心理准备，我不会赚太多钱，因为我对生活很随性。"

拜托，随性这个词并不是一个人不思进取的借口啊。果不其然，他的话刚说完，所有的女嘉宾，全部灭灯。

现代人相亲，总以为大多数女人看重的是车子和房子，其实细究下来，很多女孩更看重的是另一半对待生活的态度和面对未来的自信心、进取心。你自身不努力，凭什么要求别人和你一起不努力呢？我想，这些女孩子，都是勇敢又富有智慧的。不会因为对方说了一万句情话而被冲昏头脑，在爱情面前，她们保持着清醒，理智地去思考。

04

如今，越来越多的人承认，好的爱情，离不开现实，更需要门当户对。是的，物质和感情，缺一不可，换句话讲，对爱情和物质追求的那份心，两者要兼具。

　　一个贫困家庭的女孩嫁入豪门，她可能会自卑。一个有钱的女孩子，也不大会接受那个除了好看一无是处的男孩子。青春偶像剧里浪漫爱情的缠绵，注定要被繁忙而充满压力的快节奏社会所淘汰，不是劝你不要相信爱情，而是要努力追求好的爱情。真正好的爱情，双方都会为了它的成长努力付出，其中并不缺各种甜蜜和浪漫的故事，共同奋斗走出来的爱情同样可以柔软和温柔，为繁芜丛杂的生活，射入一抹暖心的光。

　　一段感情的穷途末路，必然有很多内外因素。所以，当仅仅靠爱走不动的时候，就勇敢放手吧。真正值得你爱的，是那个愿意和你一起往前走的人。

世界不爱我，但我选择拥抱它

星星很善良，它的光芒，只温暖懂得欣赏它的人。

01

如果你也见过凌晨两点半的月光，就一定会理解我今天讲的这个故事。

故事的主人公叫荞麦，不是我。

这个世界上，荞麦只有一个，无人可以代替。她的努力，她的美好，她的善良，她的一切，都足以让人自愧不如。

如今，她如愿长成了参天大树，比所有人期待的还要挺拔。

过年回家买年货，意外在必胜客碰到了荞麦，两年未见，我始终不敢把眼前这个着装精致的姑娘和当初那个灰头土脸的女孩联系起来。

"凉。"荞麦远远的，很热情地朝我打招呼，"是我呀，荞麦！"

我以为自己产生了错觉。

终于看出来是她，我用力咬了咬吸管，丢下手里冒着热气的柠檬茶，不顾一切跑了过去，心底掩饰不住的激动。

"荞麦，好久不见。"

她走过来，用力抱住我，力度之大让我有些头晕，但是那种突如其来的幸福感还是让我泪流满面。

"凉，当年谢谢你。"

荞麦在我耳边呢喃，如今距离被保研已经过去两年，她还是善良得让人嫉妒。

02

荞麦曾是班级里所有人的公敌。

原因很简单，在那片杂草丛生的灌木丛里，她是唯一肯自我哺育、自我浇灌的人。

我所在的班级鱼龙混杂，对于大部分人来说，上课只是噱头，真正值得做的是和学习无关的林林总总。比如逃课，比如玩手机、睡觉，比如恋爱。

那时候我也是逃课大军的一员，仗着几分年少轻狂的得意，经常跟着一群犯懒的学生鬼混，把新来的年轻女老师气得眼眶含泪。

后来我才知道，年轻并不是一个人最大的资本，而是给诱惑抵命的亡命鬼。

偏偏，在那个看似正常却奇怪的团体中间，出了异类。

那天中午 11 点半，距离下课还有不到十分钟，老师看到一群无精打采的慵懒学生，恨铁不成钢地收拾本子，准备提前下课。

所有人挺直了身子，作势离开这个催眠阵地。

荞麦站起来，打破了沉默。

"老师，刚刚您讲的马列主义对中国革命的影响，我不是很明白，可以再讲一下吗？"

我始终不理解荞麦那个动作的原因，也没听到老师的任何话，因为议论声淹没了铃声。

荞麦可能不会猜到，那个提问，注定要把她推进另一个暗淡的世界。

一个被扣帽子、被嫌弃、被孤立、被挑战的世界，那个世界里，只有她自己。

她曾在我们这个小世界孤立无援。

03

在那个山海环绕的城市，盛夏的晚风十分迷人，时不时吹拂着少男少女心底的悸动和欲望，吸引每一个人将风花雪月收藏。

"得意什么？不就是仗着死读书瞎显摆，关键不要浪费大家的时间啊。"

"是啊，这种人怎么不去清华北大，在这种学校还指望有什么出息！"

晚风很柔软，我却觉得有几分凉意，刚刚喝过的啤酒突然有些上头，我推脱头痛，和她们说提前回宿舍休息。

　　刚转过身，眼泪就不争气地下来了。没有人可以理解，我到底下了多大的决心，才把那些高考败北的羞耻情绪小心藏起，试图在这所听着还不错的二本大学里，把那个懦弱无能的自己埋藏起来。

　　只是，荞麦的出现，让我的伤疤统统被揭开。是啊，我也曾和她一样，是个为了学习疯狂努力的学生，也曾拥有大大的梦想、美好的远方、闪亮的期待。

　　只是如今在那个风光迷离的世界待久了，我竟然连重新开始的勇气都失去了。

　　“世界不爱我，没关系，我愿意拥抱它。”

　　那天晚上，我偷偷看着荞麦的 QQ 签名，哭得泣不成声。

　　只是我也不会知道，荞麦用了多大的勇气，才真正接受了所有的不公和冷落。

　　荞麦的日子一点儿也不好过。

04

　　新学期伊始，正是海浪欢腾的好天气，有人提议组织一次海边烧烤，全班欢呼响应。

　　我别过头看着角落里的荞麦，她低着头，全神贯注地记笔记，似乎什么事也没有发生。

　　出行的那天，却发生了状况。

到了海边，班长开始点名，数来数去都只有 46 个，就在他疑惑是谁没有来时，人群中不知谁喊了一声：

"荞麦没来，她不想参加。"

唏嘘声、谩骂声一片，有人说她装高冷，也有人酸她是学霸，没有人关心她在哪儿。

我没忍住，悄悄给她发了微信，没想到，荞麦秒回。

"凉，海边烧烤去哪里坐车啊？我在天桥下了。"

那一刻，我的内心仿佛五雷轰顶。

我以为自己可以有勇气告诉她地址，或者至少给她一个恰当出场的理由，可微信发出去却只有以下几个字："已经开始啦，下次我们一起参加吧。"

后来的游戏我都没有参加，因为这条微信，是我对荞麦最大的欺骗，我不能原谅自己。人的私欲和虚荣心有时真的很可怕，它就像一个巨大的旋涡，席卷着你所有的美好和善良，一层一层，被海浪无情吞没。

终有一日，海枯石烂，再无良善。

可报复终究来得太快，当一行人兴高采烈走到校园门口时，一个小小的身影正提着水果，呆滞地看着我们。

她的目光悲哀而冷淡，却充满寒气。

我下意识躲到别人身后，不敢直视荞麦。

她一定很恨我吧。

05

　　那次聚会之后，荞麦和班里所有人的联系都越来越少了。

　　她变得坦然、安静、沉默，每天独来独往，像一颗神秘的星，穿梭在校园的一角。而且，除了专业课，我们很少在课堂上见到荞麦的身影，她好像蒸发一般消失了。

　　星星很善良，它的光芒，只温暖懂得欣赏它的人。

　　我后来才知道，荞麦究竟承受了多大的压力，才有了后来的好故事。

　　荞麦并没有消失，她一个人憋着一股气，流泪、崩溃、绝望，还是完成了所有的隐秘成长。她发了疯一般学习，主动联系导师，进行各种项目跟进，为了避免见到同学，她从不在自习室学习，而是一个人远远地躲到图书馆顶楼，苦苦熬着每一个日夜。

　　期末那段时间，她甚至每天学到凌晨两点多，只有窗外清冷的月光相伴。

　　基础不好，那就死记硬背，为了学好英语，她把单词书翻来覆去背了八遍，背诵了 100 多篇阅读理解，作文更是背了不下 500 篇，才有了后来和外国留学生无障碍沟通的能力。

　　大三那年，所有人像无头苍蝇一样东奔西走，为了考研和实习愁白头，却意外听到荞麦保研成功的消息。

　　自从建校以来，荞麦是第一个保研去北京的学生。

　　那天，我正在实习公司含着泪做数据报告，听到这个消息时，泪水再也忍不住，我拿起手机，给荞麦发了恭喜。

荞麦依然秒回："凉，只有你是真心祝福我的，谢谢你。"

我不理解，难道她真的不记得那次欺骗？

"有空一起吃个饭吧，我请你。"荞麦说道。

也是那次吃饭我才明白，当初那条微信，给了犹豫不决的荞麦一个多么完美的台阶。

"凉，你知道吗？那天我已经做好了不去的准备，我也知道你们并不想通知我，所以去了也只能受尽冷嘲，试探性地问你，没想到你会给我发微信，还给了我一个合适的理由。

"从那天起我就想明白了，什么合群、集体，统统都是浮云，人要争点气，就得学会适应一个人，一个人也很好，不是吗？"

说这话的荞麦，已然像一个女战士，自信而淡然。

"一个人，也很好。"

我突然有些理解她。

06

那天在必胜客，荞麦请我吃了饭，临走的时候，她再次说出一个好消息。

明年这个时候，荞麦就可以去意大利深造了。

我对她说了恭喜，荞麦认真告诉我，我是她唯一一个可以交心的好朋友，希望我们可以永远保持联络。

没想到，当初的那个谎言，竟然铸就了如此美好的情谊。

面对荞麦，我自愧不如。那份最开始的嫉妒，也越发显得丑陋、矮小和不堪。

只是，我很难想象，一个人能有多大的毅力，才能含泪张开怀抱，拥抱这个并不友好的世界，才能在一个荆棘丛生的世界里，依然努力汲取养分、奋力成长，最终长成一朵五色斑斓的花，在耀眼的阳光下，散发出迷人的香气。

或许，这就是生命的顽强之处吧，并非善良两个字可以解释得清楚。就像星星只照耀懂得珍惜它的人，纵然星空光芒万丈，不是每个人都有资格享受光亮。

不合群又怎样，特立独行又怎样，人生那么多过客，多一个少一个也不必心慌。你且看，前路凶险，道阻且长。唯有横刀立马者，方可称王。

风很大，想陪你说一世情话 **6**

越长大，越害怕遇不到喜欢的人

你还记不记得，第一次体会怦然心动的感觉，是什么时候？

01

我已经很久很久，不敢与人讨论有关恋爱的话题了。不是因为经历过什么刻骨铭心的创痛，而是怕自己再也担不起当初那份纯洁无瑕的向往之情。

不巧，昨晚和一个朋友聊天，他突然半开玩笑地说："我这辈子，是遇不到真爱了。"听到这句话的时候，我是震惊的："哎哎哎，你是年过花甲了，还是将近古稀啦？恋爱没谈过几次，就如此草率地定义真爱。说一辈子，是不是有点太夸张了？"

他说不是，总感觉自己可能老了，不知道该怎么去喜欢一个人了，成年人的世界，好看的皮囊和有趣的灵魂，似乎都不够满足的。

我转而一想：好像是啊，其实说起来身边的异性朋友确实不少，可是当初那种单纯得能让我脸红心跳的人，真的没了。

到底是年龄大了呢，还是被现实世界蒙蔽了双眼呢？不可得知。我只知道，当初对于爱情种种"山无棱、天地合"的幻想，都在日复一日的现实里被慢慢消解了。

渐渐长大，我们才会明白，很多故事没有来日方长，很多人只会乍然离场。友情如此，爱情亦如是。

02

知乎上有一个问题："突然不喜欢一个人是什么感觉？"

有一个回答令人印象深刻：他本来浑身是光。有那么一瞬间，突然就黯淡了，成为宇宙里一颗尘埃。我努力回想他全身是光的样子，却怎么也想不起来。后来发现，那是第一次见到他时，我眼里的光。

记得我第一次用心去认真喜欢一个人时，那时候满心满眼地就想和这个人在一起，没有任何特别的原因，总感觉这个世界上，竟然有如此完美的人。

喜欢一个人，他踏进教室的样子都是帅气而风雅的，他吞吞吐吐讲错题也是可爱的，甚至他开玩笑用笔敲我的脑袋骂着"笨蛋"都是潇洒而有趣的。有时候去餐厅吃饭都会满世界找他，一旦在人群里发现他会偷偷惊喜好久：看吧，我们是多么有缘呀。臆想的样子虽然傻，可是用美好充盈的日子，总归是快乐的。直到有一天，看到他摸着一个女孩子的头，然后牵起她的手，把那句我排练了很久的"我喜欢你"，缓缓说出口。

可王子和公主在一起，那就是童话，我虽然知道自己没有水晶鞋，可依然难过了很久。我只是很遗憾：可能以后，再也不会这么纯粹地去喜欢一个人了，哪怕仅仅是暗恋。

有些事情，这辈子都没机会尝试几次的。比如在对的时间，遇到一个值得去爱的人，概率小到微乎其微，可不管对的错的，结局大都是彼此擦肩而过，然后赶上人生的下一班车。

"我行过许多地方的桥，看过许多次数的云，喝过许多种类的酒，却只爱过一个正当最好年龄的人。"直到很久之后，我才明白沈从文先生的这段良缘，已然是上天优待了啊。

03

有时候会羡慕身边的朋友，看着男孩认真把荔枝剥好放到女孩嘴里，然后两个人一脸纯真无害的样子，会莫名地感动。可能最初纯朴无华的爱恋，我们并不能把它称为爱情，甚至连喜欢都算不上。可就是偏偏，它把我们最真实的样子，都封锁在里面，让我们用一生的时间，去追忆，去怀念。

年少时不懂爱，用大把时光去挥霍和徘徊，后来的日子你我都离开，只剩下苍白无力的等待，才知道当初的对白，原来不只是朋友的关爱。还有我对你无声的告白，藏在那个晶莹剔透的、甜甜的荔枝里，藏在那把七彩的雨伞里，藏在早晨的那杯豆浆里，藏在自习课上那张纸条里。所有理所当然的喜欢，其实都包含了无数次的憧憬和爱恋，有时候只是一张温暖的笑脸，就能让心怀爱慕的人开心一整天。

年龄越大，越不敢去看那些有关青春的影片了，有人说，太过矫饰的青春，根本不存在的，又何必怀念呢？可是说这话的人，明明脸上带着不屑，心里装着遗憾。

没有人可以逃得过时间的洪流，不管是绚丽多姿地张扬过，还是平平淡淡地努力过，那些逝去的美好时光，终究是一去不复返了，随之而去的，还有喜欢一个人的勇气和精力。

04

看过那么多浪漫的青春电影电视剧，为里面的男女主角哭过笑过，也感叹过。但即使追忆了青春，也追不回当初义无反顾的自己。

可是故事恰恰没有那么简单，年少轻狂，都以为自己是最特别的那个，可实际上，无论离开了谁，生活还是继续向前。一辈子很长，如果没有等到对的人，也不必慌张，更不必绝望。即使不敢满怀期待，也别轻易死了这条蠢蠢欲动的心。哪怕余生再也找不回年少时怦然心动的感觉，但也别因此将可能喜欢的人拒之门外。

谁来定义青春呢，又有谁明确规定过早晚呢，每个人都有自己的路要走，别被外界某些所谓的"共识"打扰了自己真正的节奏。某些不成文的约定，本就是可笑又无聊的。人最应该相信的、最应该去追问的人是自己。

谁也做不了主，可你有机会主宰自己。譬如让自己变得更好，站得更高，这样至少可以给自己，增加一份底气和勇气。

不要相信隔着屏幕说爱你的人

隔着屏幕的喜欢，可靠吗？

看过这样一段话，他说爱你的时候，见过你的脸吗？听过你的声音吗？牵过你的手吗？了解你的性格吗？

所以，你说呢？

01

小沐说，如果当初早点明白，在爱和喜欢之间，其实还有"撩"这个词存在就好了。

那些群发"我爱你"的对象里，你也只是其中之一。

小沐和大方是在网络上认识的。

记得那天晚上，小沐闲来无事，就在微信上刷附近的人，虽然很多人让她很反感，但是过了十几分钟，小沐的手指还是停在了一个头像上。

就这样，小沐一不小心刷到了大方。

大方打招呼的方式很简单：嗨，你也喜欢吉他啊。

小沐眼睛一亮，点开了大方的朋友圈，仔细一看才发现，原来，真的是个年轻的帅哥。

大方的朋友圈里，有很多大方弹吉他的视频，背景多选在一家古色古香的咖啡馆，大方坐在椅子上，穿着浅蓝色的牛仔外套，温柔地弹唱民谣，眼神深邃明亮，声音浑厚迷人，像极了偶像剧里的吉他少年。小沐的心一下变得柔软起来，甚至忘记了回复大方的消息。

几分钟之后，她才回过神来，大方的对话框里，多了几个崇拜的表情，还有一些相见恨晚之类的话。

大概那几个视频给小沐留下了不错的印象，平时不怎么聊天的她，破天荒地和大方聊到很晚。最后道了晚安，小沐刚想放下手机，大方又发来一句：快点入睡哦，记得梦到我。

本来困得眼皮打架的小沐，听到这句话，瞬间睡意全无，她心里突然冒出一个很奇怪的想法：大方，不会喜欢上自己了吧？

"不可能不可能。"小沐摇了摇头，自言自语，"才刚认识，还没见过面，别胡思乱想啦。"

可是，小沐还是打开了手机，一条一条，开始翻看大方的朋友圈，妄图在那些光怪陆离的动态里看出个所以然。一向睡眠极好的小沐，那天晚上，第一次失眠。

很久之后，小沐才明白了两件事：

（一）不要在深夜做决定。

（二）不要隔着屏幕，喜欢上一个人。

02

大方开始有一搭没一搭地找小沐聊天，虽然他比小沐大两岁，但是，他们之间似乎永远都有聊不完的话题。

他一定很有趣，小沐兴奋地告诉自己。

大方确实很会找话题，小沐提到一家餐馆，他能把餐馆里所有的菜肴报一个遍，小沐说起健身房的某个运动，大方就能滔滔不绝地给她普及健身知识。在小沐眼里，大方上知天文、下知地理，无所不能。不仅如此，每次小沐发一张自拍，大方都会第一时间跑过来："喂，你怎么可以把美照给别人看？"

小沐嘴上一本正经，心里却乐开了花，她忽然发现，自己越来越喜欢和大方聊天。有次大方一整天没有发消息，小沐从早晨就开始抱着手机等，连逛街都变得索然无味，同行的姑娘看着神经兮兮的小沐，都有些摸不着头脑。只有小沐知道，大方的微信，才是治愈她的良药。

晚上回到家，小沐还是没忍住，发了一个表情包过去。

大方秒回："乖，今天家里装修，想我了吗？"

小沐红着脸回复："想你干什么，我今天出门了。"

"哼。"大方装作很生气，"不用说我也知道，不就是找个男人，相个亲。"

小沐被逗笑了，在对话框里打下了一行字："就算去相亲，对象也应该是你呀。"

不过她犹豫了几秒，没有发过去。

她希望这一步，由大方跨向自己。

03

大方从来没有说过喜欢小沐。但是，他的每一句话又似乎都在暗示：喂，我好想和你在一起呀。最明显的一次，大方说："如果你是我女朋友就好了，今晚就可以抱着小可爱入睡。"

"等我们第一次见面时，可以抱抱你吗？"大方问道。

小沐羞涩地发了个"好"，在床上滚来滚去，兴奋地睡不着。

第一次见面那天，因为公交车太堵，小沐差点迟到。

为了给大方留下好印象，小沐摸黑爬起来挑衣服、化妆，连早餐都没来得及吃。

终于见面的时候，两个人还是暗喜惊讶了一番。

原来，大方比小沐想象得还要好看。只是，现实中的大方，好像并没有网络上那么活跃，行为也异常得体，要不是在朋友圈看过轮廓，小沐真的以为面前这个人根本不是大方。

换到现实，他们的角色却反了。小沐成了那个不停找话题的人，大方反而显得有些生疏和沉默。离开的时候，小沐主动拿出了截图，希望大方可以兑现承诺。

尽管有些尴尬，大方还是微笑着抱了抱小沐，轻轻揉了揉她的头发。小沐的心，也跟着化了。

04

可故事并没有朝着理想的方向发展。

那天回来之后，大方好像变了一个人，回消息的时间间隔变得越来越长，而且，他再也不会和之前一样说各种暧昧情话了。

小沐突然很难过，她想了很久，也想不出大方变化的原因。如果不喜欢，从一开始看到照片就不会继续聊了呀？为什么偏偏还要见面呢？

其实，小沐从一开始就错了。她不应该把一个人隔着屏幕的暧昧，当成真的喜欢。这个世界上没有那么多幸运和理所当然。换个角度，与其说是喜欢，倒不如说是乍见之欢的新鲜感，等到瓜熟蒂落、新鲜感褪去的时候，当初的那份热情，也会随之东流。

《他其实没那么喜欢你》里有一句台词：如果一个人不给你打电话，那么他就是不想给你打电话，没有别的原因。

真正的爱，就是不顾一切奔向你。并非隔着屏幕的感情不可靠，而是在不能对一句话、一份感情做到百分百确定的时候，不要对一个人轻易信服。

因为，真正喜欢你的人，一定会主动接近你，靠拢你，拥抱你。

他会尽最大努力，成为你的诗与远方。

你不勇敢，可能错失的是真正的喜欢

人海茫茫，我们能遇见，就已经很好了。

01

有人说，我们生命中的很多人，其实在第一次遇见的时候，就已经是永别。虽然我们每天都要和无数个人打交道，可是真正可以有机会说一声"你好"的，其实寥寥无几。尤其是在快餐爱情盛行的时代。只要足够优秀了，想要谈一场恋爱也并不难，可要铁了心，认真谈一场真正走心的恋爱，却是难上加难。

毕竟喜欢一个人的理由，真的可以罗列太多：他很好看、他有点儿才华、他幽默又会讲笑话，说不定还有什么可爱的小技能，让人内心小鹿乱撞。可那又怎么样呢，很多自诩凡夫俗子的人内心的剧本都是：算了算了，他那么优秀，一定不会喜欢我这样平凡普通的人吧。

可是，人海茫茫，我们能遇见，就已经很好了，又何必因为某些不知名的因素，变成擦肩而过的陌生人呢？

不难发现，越长大，那种怦然心动的感觉好像渐行渐远了，再也不会像年少时，因为一个人在阳光下打球的样子很帅，就幻想和他牵手共度余生。

现在不一样了，现在喜欢一个人，我会想想他到底哪里吸引我，是有礼貌，学识高，还是人品好，足够懂事，总之，不会因为单纯的某个点，就扬言"一生相随"了。

02

可是，我还是想劝你，如果真的遇到喜欢的人，不管千难万险，勇敢去追一次。哪怕失败，最后潇洒放手时，也不会留下太多遗憾。

我有个女生朋友，研究生毕业，性格活泼，相貌也不错，可至今仍是单身。她说：和前男友分手后，我再也遇不到爱情。其实她当时就挺不自信的，因为那个男生真的太优秀了，优秀到我朋友和他在一起的时候，都要每天对着镜子问一问：我这个样子，做他女朋友够资格吧？

怎么说呢，其实男生对她挺好的，没有做过什么对不起她的事情，可是，他们还没毕业，就分手了。

"他太好了，我总感觉压力很大，万一有一天他不喜欢我了，我会疼死的。"她颇为沮丧地回答分手原因。

我听完后不免惋惜，甚至不知朋友以后还能不能再次遇到这么喜欢的人。

因为懦弱或者自卑而错过，是这个世界上最可笑的事情了。多年后，也许最让你后悔的不是做错的事，而是当年你可以做而没有去做的事情，所以，如果喜欢一个人就勇敢去追吧，哪怕你不够好，哪怕会遍体鳞伤，可你活得很漂亮，失败了就潇洒放手，也不会在时过境迁后只剩满腹遗憾。

突然想起年少时的自己，那时候除了学习就是学习，整天对着枯燥的书本和作业团团转免不了乏味，直到我遇到了一个让我怦然心动的人。

K 先生是隔壁班的体育委员，干净阳光、高大帅气，声音都很清凉的那种。那时候我似乎只是一根筋地喜欢上对方，也不会去想什么"和他有未来啊""一起组建家庭啊"这样长远的事儿，我只知道哪怕和他一起吃顿饭，心情就能步入云端，像在跳舞。

我喜欢他，追的方式也很老套，无非就是放学后去门口堵他，课间操故意跑快点和他并肩，去给他送一杯热腾腾的奶茶，楼道见面故作兴奋地说声"嗨"。毕竟女孩子嘛，倒也没冒失到冲上去牵他的手，大声喊"我爱你"，情书还是递过几封的，尽管没有回信。后来这件事就草草地埋葬在青春里了，我记得也挺受伤的，年纪虽然小，也哭得撕心裂肺，整整一个月都没睡过一个好觉，那种感觉，似乎被整个世界抛弃了。

之所以念念不忘，愿意絮絮叨叨地诉说，不过是很怀念，很贪恋当时的勇气，那种不撞南墙不死心的决绝和霸气，再也不会有了。青春里的故事姑且当作童话逗乐，可关于感情的故事和主角，却是形形色色，年年都有，日日都在上演。

03

有时候，我们总能看到那些门当户对、相貌家世相当的人们擦肩而过，而那些看似不可能的人，却都携手度过了余生。因为他们都知道，相遇就已经很难了，喜欢一个人，就大胆去追吧。

有句话曾说：这个世界上，本没有完全合适的两个人。我们之所以能和某些人相遇、相知、相爱，不过是缘分使然。但人有时候就是蠢到辜负了世界的美意，还抱怨世界不够温柔以待。你希望得到真爱，但前提是，你愿意为了一个人奋不顾身地去爱吗？你愿意为了喜欢的人去包容他的缺点和不足吗？你愿意即使知道希望渺茫，也要死磕到底不服输吗？

别说什么"我们不合适"的话，很大一部分原因，是我们在遇到他们之前就已经认输了。不然，又怎么不敢和那个地铁上天天遇到的人，默默暗恋甚至脑补了无数次甜蜜场景的那个人，光明正大地说一声"嗨，你好"呢？

你又怎么知道，他不会转过头来，微笑着看你，然后轻轻告诉你："你好，我已经注意你很久了，可以做个朋友吗？"

你总要迈出步子，才有机会和他肩并肩的，这个世界上大部分的相遇，其实都是预谋已久的邂逅。你来的时候，我已经等了好久。相遇本就概率渺小，一辈子相知相守，更是难能可贵。因为这个世界上能称得上爱的，其实都不容易。就像陈奕迅的歌里唱的那样："爱情不停站，想开往地老天荒，需要多勇敢。"

所以，若喜欢一个人，就勇敢一点吧，说不定，那个人也刚好喜欢你呢。

有一种爱，叫做我想和你讲很多废话

因为是你，所有的废话，都变得有意义。

01

人与人之间最美好的关系，是互为知己，是互相理解。而一份好的爱情莫过于有那么一个人，愿意耐心地听你讲废话。哪怕都是"那部韩剧的男主好帅啊""邻居家的猫死了"这种无关痛痒的事情，他都听得津津有味。

有人说，如果一个人爱你，他就能接受你的一切：你的任性，你的懒惰，你的无理取闹，你的斤斤计较。在他眼里，你的一切都是有趣的、可爱的。相互深爱的两个人，都是对方眼睛里闪闪发光的珠宝。哪怕废话连篇，也不会觉得厌烦。

其实啊，哪里是因为那些话有多么重要，只不过在内心深处，笃定了你的那份炽热的喜欢罢了。所以才敢放肆，才敢无法无天，像个没长大的孩子。在一份幸福的爱情里，男人至死是少年，女人一生为少女。

02

想必每个恋爱过的人，都经历过甜蜜如糖的热恋期。那时候，你生活的每个小细节，都乐意和他报备，连腿不小心磕到桌子这种事，也非得发个娇滴滴的短信，等他的安慰。

他发来短信："宝贝，疼不疼？我马上赶过去。"

收到短信的那一刻，你的心里已经落满了粉红色的泡泡，其实不过是想再确认一次，他很在乎。所以他的手机为你24小时开机，你的一个哭诉电话就能让他措手不及。你也清楚，其实自己根本不是个脆弱的女孩，只不过因为爱他，愿意把琐事和废话统统说给他听。

朋友小猫，恋爱之前，是个雷厉风行、人人敬畏的女强人，恋爱之后，却变得温软可爱。那天下班前，窗外突然飘起了大雨，换作平时，小猫一定会大手一挥："我送你们回家。"没想到这次，她异常平静地拨通了电话。

"喂，亲爱的，外面下雨啦……"

"没事，你不用来接我，你还记得……"

半个多小时过去了，小猫的电话还在打，只不过，是把公司的事情事无巨细地说了一遍，对于让男友来接她，多次婉拒。

"我哪里舍得让他淋雨呢，就是想和他说说废话啦。"小猫如是说。

03

　　如果说生活是一道繁琐的应用题，那么爱情，算是一道答案明确的选择题，做得好，一次就可以成功。三毛说过，真正爱的那个人，就是在他面前，可以无所忌惮地打嗝放屁，也不用担心他会不会嫌弃你。张爱玲说，遇到他，我变得很低很低，低到了尘埃里。相比之下，我更羡慕前者的爱情。没有人天生就是高冷的男神女神，只不过，没遇到那个可以让你放肆做自己的人。

　　好的爱情，一定是信任和笃定的滋生品。不需要很多约定俗成的条件，也不需要时时刻刻注意言行，说白了就是：做自己。

　　这个世界上，虚伪敷衍有很多，甜言蜜语的漂亮话也不少，只不过褪去了那层华丽的皮，都得回归到生活本来的样子。生活本就很苦了，多少浪漫和暧昧，都随着柴米油盐消失殆尽，只剩下再普通不过的下班洗澡，吃饭睡觉。

　　连一句晚安，都变成了负担。而有多少感情，不是败给了时间，而是败给了生活。可如果，他还愿意耐下心来，听你废话连篇的碎碎念，无疑是苦涩和琐屑中的小确幸。

　　因为是你，所有的废话，都变得有意义。

04

我见过很多情侣，在结婚之后，由于生活所迫，变得不那么甜蜜和如胶似漆了。明明是很正常的事情，可偏偏还是有人，把它过成了诗一般的样子。

玫瑰可以不送，戒指可以没有，烛光晚餐也不必时时惦念。唯一想做的，就是和你心平气和地谈谈天：从公司的同事，说到门前市场上的蔬菜价格，再到孩子的牙牙学语。每个话题，都那么有趣，你乐此不疲，我满心相随。

爱非司空见惯的当然，也非顺理成章的必然，或许，只是和你聊天时，一个眼神的偶然。我说再多你也不会烦，因为眼睛里都有答案。

后来慢慢长大，越来越不羡慕那些动不动抱着玫瑰求爱的情人了，反而是那些，相处舒服、三观一致的爱情，才令人神往。因为只有这样，才会心甘情愿地把一颗心捧上，不用担心被浸凉。只有在爱情中保持有趣又自信的态度，才能大大方方，互相扶持着成长。

以前有人说，喜欢一个人，那就和他说好多好多晚安吧。因为，爱与不爱，聊天记录都知道。而我想加上一句：喜欢一个人，就和他说很多很多废话吧。哪怕无关痛痒，哪怕琐碎非常。

趁你还年轻，趁他还未老，趁着你们的爱情如此新鲜，趁着还有无数的柴米油盐可以共短长。趁着生活，还是欣欣向荣的模样。

余生很长，愿你被爱温暖

我相信老天不会残忍到让你一生都在寻寻觅觅中走过，你敢于迷路，那就一定可以找到路。

然后在那条路上，遇见你爱的那个人。

01

我一直认为单身挺好的。二十多岁的年纪，做着喜欢的工作，拿着大把的薪水，过着不甜不淡的生活，一切仿佛都是顺风顺水的样子。可是，又似乎少了一份踏实的温存。前几天去姑姑家玩儿，终于被那个恒久不变的问题狠狠砸中："啥时候找对象啊？"

说实话，那一刻挺委屈的，因为我这种行为，落到她们眼里，仿佛是做了一件不可饶恕的事情。可回头想想，也颇有些心酸：身边的同龄小伙伴大都已经结婚，而我还是一个人。

一个人是很好，独自和生活抗衡，不用担心妆容是否精致，言辞是否得体，姿态是否可人。可一个人的时候，会偷偷想念另一个人的样子。多希望有一个人，他会给我准备好可口的早餐，在我倦了的时候提供温暖的怀抱，拥我入怀。他会带我去看无垠山海，去新奇有趣的游乐园，去观赏十里桃花，同坐花前月下；他会给我分析难题，在我迷茫的时候不离不弃，轻声告诉我"不要慌，有他在"。

哪怕只是想起他，心跳就会不由自主地加快，心满意足。女孩子都喜欢被人疼爱的感觉，太温暖、太美好了，哪怕两个人在深夜压马路，也会觉得自己自由快乐得像一团云。

这不是那种三天打鱼两天晒网的爱，也不是随口说说无暇顾及的爱，而是纯粹的、饱满的爱，像一盏迷人的灯，照亮整个余生。

可以暖一辈子的。

02

我第一次体会怦然心动的感觉，是在 18 岁那年。那时候班上有个男孩子喜欢我，而那时候，我也已经暗恋他好多年。

每天放学，他都会在教室门口等我，不管等到多晚，都是笑意连连。没有牵手，更没有拥抱，情窦初开的年纪，两个人说句话都会脸红。

印象很深的一次，那天下雪了，我们一起去吃饭，一路上，我都在瑟瑟发抖。他很小心地问我有没有事，帮我买来饭菜，可能我真的是太冷了，实在没有胃口吃。

他好像真的有些慌了，因为我瞥到了他涨红的脸庞。可是下一分钟，突然不冷了。他走过来抱住了我，很紧很紧的那种。不知道怎么回事，那一刻我又激动又惊喜，好像这所有的寒冷，都融化在了那个结实的拥抱里。他什么都没有说，我亦没有作答，但我很清楚，那个拥抱，真的清清楚楚地存在过。

很久很久之后，我已经记不清楚我们做过什么伟大或甜蜜的事情，只是那个拥抱，这辈子都不会忘掉。那是属于 18 岁最单纯的爱情的见证，很暖，也很甜。

03

生活中，我们经常看到有些女孩子在人前一副风风火火的样子，仿佛分分钟能上天入地，在女神和女汉子之间轻松切换，但是即便如此，她们也有脆弱的时候，也有在深夜痛哭的时候。

哪有人不喜欢被理解被爱护？谁不想在难过的时候有个人可以分担痛苦？谁不想拥有骄傲肆意的人生？谁又天生是个拼命三郎？只不过，在没有遇到那个人之前，这些都得一个人挺住。

我认识一个朋友，脾气不太好的那种，平时和我们一起玩，都会主动让她三分。奇怪的是，谈恋爱之后，却没见她怎么发过火，每天都是元气满满的幸福模样。

那天见她男朋友，大家一起吃饭，才明白了个中缘由。吃饭之前，男生很礼貌地和我们鞠了一躬，然后拉开椅子，照顾我朋友坐下。

席间，男生讲话不多，但是每一句都大方得体，温文尔雅，而其他的时间，都在全神贯注地陪我朋友。她说的每个细节，他都凝神耐心倾听，那神情，仿佛在看某个美女明星表演。

喜不喜欢一个人，眼神统统可以流露出来。也是那一刻我突然明白，为什么向来脾气不太好的她，莫名变得温顺起来，遇到对的人，再执拗顽固的女孩子，也会变得很可爱。

04

我有很多个瞬间，都幻想自己可以和一个很甜很暖的人谈恋爱。有人嘲讽，已经过了耳听爱情的年纪，还相信什么"不羡鸳鸯不羡仙"的矫情话呢？

爱情不像买机票，晚点了可以坐下一班，也不像买甜点，今天卖光了可以明天再来。它真的太需要时机和运气了。遇见那个人太早，可能会因为某一方的不成熟，提前了结了这场本该属于你的姻缘。但如果遇到他太晚，可能会因为芳华已逝，容颜不再，而失去了怦然心动的感觉，更甚者，他的身边，可能已有佳人为伴。但即便错过，余生我依然愿意相信爱情。的确，时间是很残酷的，它表里不一，无声之中不知错杀了多少缘分和感情。那又怎么样呢，爱情也要讲究物以类聚，也需要努力和勇气，不是坐在某个地方守株待兔，它就可以不请自来。

能力和运气，其实各占一半。爱情中的两个人，要么互补，要么势均力敌。你所处的层次和领域决定了你的人脉和朋友圈，说白了就是：你是什么样的人，就会遇到什么样的他。

　　我相信老天不会残忍到让你一生都在感情这条路上寻寻觅觅中走过，你敢于迷路，那就一定可以找到路。然后在那条路上，遇见他。

　　每个女孩子的余生都是需要有人来温暖的。而我相信，每个努力的女孩子，运气都不会差。希望每个单身的女孩子，都是特别美丽特别勇敢的好姑娘。如果可以，请你努力，再努力一些，提前修炼出那份独属于你自己的定力和气场，在最美的年华里，成长为洒脱的模样。然后在那个人出现的时候，谈一场又甜又暖的恋爱吧。

只因那是你，暴露无遗有何惧

要不是因为爱你，谁不愿意做个温顺乖巧、与世无争的小仙女啊。

01

昨晚正要睡觉，好友茶叶发来消息，说有些情感困惑需要我帮忙解决。尽管自己不是专业情感分析师，但还是出于好奇和关心，答应陪他聊天。

茶叶很苦恼，他说女友跳跳最近总是莫名情绪败坏，动不动就朝他发泄各种不快，抱怨各种鸡毛蒜皮，甚至掉眼泪，好像是茶叶让她受了天大的委屈似的。"可我没做错什么啊，她以前可乖巧了，从不在我面前闹，像个事事顺心的如意姑娘。"

看着屏幕，我嘴角不自觉地微微上扬："还不是因为她太喜欢你了呀！"茶叶表示听不懂。

"你以为，女生的坏情绪对着谁都可以发泄的吗？要不是因为真的在乎你，把你当成最重要的人，她才真的乖得不像话呢！"

茶叶听了我的话，憨憨地笑了下，似懂非懂地结束了对话。

不知道他有没有理解我的意思，但跳跳我认识，她平时绝对是那种大大咧咧、风风火火的女生，很少有人见过她悲伤脆弱的样子。她肯在茶叶面前暴露自己最脆弱的一面，一定是认可他了。

没有人会随便在他人面前示弱的，尤其是自尊心特强的女孩子。

02

初遇你时，梨花雨凉，我的心脏小小地悸动了一下，被你惊艳了琐碎的时光。那时候，我听话乖巧。我怕一个动作和眼神，就失去你眼中熠熠生辉的光泽，所以我小心翼翼，从不过分打扰和随意咆哮。

甚至和你的每一次见面，我都会把眼神排练好，生怕你的一个微笑，就让我乱了阵脚。我一直努力维护自己在你心中的形象，把自己包装成一个与世无争、事事顺心的小仙女，仿佛从不会悲伤，也不会有心事。所有的隐忍和掩盖，不过是等你那句"我喜欢你"。

终于，我们在一起了。你还是一如既往的好，好到让我昏了头脑，情绪再也藏不住。所以你看到了那个受一点点伤就在你面前大滴大滴掉泪的我，因为舍友一点嘲笑就在你面前不停抱怨的我，衣服湿了没带伞冻得发抖埋怨你的我。

我变得有些不可理喻，似乎不再那么温顺乖巧讨人喜欢了。你也开始有点不知所措，质疑我是不是变了。

但亲爱的，你真的错了。我生性孤独内向，从来不肯在别人面前暴露情绪，所以只敢在你一个人面前放肆地哭泣；我知道人际关系复杂多变，所以不敢把那些隐忍的委屈昭告天下，只能在亲爱的你面前偷偷抱怨几句；我从来不是个矫情的人，衣服湿了从来都是自己洗，只不过因为那是你，所以才忍不住放低姿态。

一切的一切，都是因为我爱你，所以肆无忌惮，所以无所畏惧。

03

请相信一点，大多数女生的坏情绪，从来不倒给不重要的人。只有面对真正让她们信任的人，才会暴露最真实的那一面。

我曾谈过一场短而平淡的恋爱，至今有些留恋思量的并不是彼此之间的恩恩怨怨，而是那种恰到好处的温暖和自在。记得 F 先生曾说，我喜欢的样子，你都有。

我曾无数次无情地伤了他的心，不接他的电话，不回他的消息，因为一点小事就莫名其妙地生气，想来也是挺幼稚的。然而在我耍小性子、对他指点不满、暴露自己的懦弱和无知的时候，他并没有一丝的责备，而是告诉我：既然选择了喜欢你，所以愿意包容你的小脾气、小淘气、小怨气。而我自己，却恰恰没注意到那份微妙的在意，如果对方不是自己在乎的人，又怎么愿意把难过和委屈和盘托出呢？

如今心性渐渐成长，对于那段随心所欲的时光，只剩下感激，感激自己在那段糟糕幼稚的岁月里，曾被一个人毫无理由地温柔以待着。

唯愿时光不负你，未来仍可期。

04

什么是真爱？对于这个问题，三毛有一段话很经典：真正的爱情，就是不紧张，就是可以在他面前无所顾忌地打嗝、放屁、挖耳朵、流鼻涕；真正爱你的人，就是那个你可以不洗脸、不梳头、不化妆见到的那个人。只有真正爱一个人，才敢这样抛开所有的顾虑，在他面前随心所欲地做自己吧。

小时候我们最亲的人是父母，在他们面前从不用在乎有没有梳头、化妆，也不用在意妆容精不精致，漂不漂亮。难过时也不需要伪装，想哭就哭，想笑就笑，他们喜欢我们最真实的样子。

长大以后，我们身边会多一个叫"爱人"的人，不管时光如何荏苒，总有一天，他也会看你从醒来到入眠的样子，看尽你一生的离合悲欢，陪你从青丝桃面，到垂垂暮年。

最幸福的爱情莫过于做自己。不用为了维持任何形象和规则伪装自己的情绪，可以天真烂漫如少女，也可以强大从容如女王。重要的是，无论什么样的你，都是他眼中最美的模样。

真正爱你的人，从不在乎你有多懂事、多坚强、多有趣，他能做你安稳的树洞，也可以包容你所有的委屈和脾气。所以，不用怕，哭成大花猫又如何，他会笑着说你丑，也会默默递来肩膀和纸巾。

哪怕你暴露无遗，那个人依然爱你如初。

喜不喜欢，不是"秒回"的问题

你是不是也这样期待过，列表里躺着这样一个人：只要是你给他发消息，不管他在何时何地，都会尽一切可能立刻回复你，永远接受你的无条件打扰，永远回答你的每一份悲喜，只是因为，那是你。

01

很多姑娘在爱情里都期待有这样的幸福，因为她们觉得只有这样才是被男朋友真正在乎。许多人觉得如果连立刻回复都做不到，那他肯定不是真的爱自己，因为如果爱自己的话，就会把所有的时间都为自己准备着，心里只装着自己一个人。

小安就是这样一个姑娘，从她谈恋爱的第一天起，就喜欢把男朋友的所有时间都掌握在自己的手里。她觉得喜欢一个人就是了解这个人所有的喜怒哀乐，把生活的点点滴滴都刻在自己的每一分钟里。

她每天的生活仿佛充斥着粉红色的泡泡，室友觉得从小安谈恋爱的那一天起，她就变成了一个极其幸福的姑娘。因为她的每一条消息都会有男友及时的回复：不开心了，他会在第一时间送上安慰的话语；她饿了，他也会殷勤地送上小安爱吃的零食。

有一次，小安期待已久的电影即将上映，她第一个想到的就是和男朋友一起去。电话拨通了，小安兴致勃勃地等着男友宠溺的回复。"嘟…嘟…"电话铃声振动了好多声，可是没有人接听，小安有点生气了。

那大概是小安第一次没有得到男友的立刻回复，见到他的时候，她立刻上演了一出狂轰滥炸的苦情戏，什么不如以前在乎她了，什么不关心她了，弄得男友没有一点反驳的余地。

良久，小安终于说够了。男友默默地说了一声："我在会议室开会，手机静音的。我知道你需要找我，可是我也有自己的事情啊……"他低着头，声音似乎也低到了尘埃里。那一刻，小安忽然感觉自己或许真的做错了什么。她没有出声，上前默默抱住了他。

小安不傻，她是个懂事的姑娘，只是太在乎那份感情罢了。

02

我知道被喜欢的人时刻在乎是一件幸福的事情，但是如果他没有秒回你的短信，也不要轻易地去胡乱猜忌试探，因为每一份怀疑的背后，都是给这份感情划下的一道裂痕。

下雨了，你打电话想问问我有没有带伞，没有人接听；你路过小吃街，看到有一家新开的小龙虾店，立刻发短信问我想不想尝尝鲜，半个小时过去了，没有人回复；你在QQ和微信上发很多表情给我，想和我聊会天，无奈连一个标点符号都没有收到。

　　我知道，你会很难过。但是当我淋着雨，饿着肚子狼狈回家时，你依然会摸着我的头，拥我入怀，而不是追问我为什么没有回复你的消息。你用行动默默告诉我：因为爱你，满心装的都是你，哪有心思供养自己的小情绪。你不用解释，我都懂。

　　这样爱一个人，比所谓的"秒回"要深情得多。

03

　　生活在一个社交软件泛滥的年代里，所有的思念和想象都变得来不及。以前想念一个人，写封信还要翻山越岭地邮递过去，现在想念一个人，一条消息远在万里也能看在眼里；以前想见一个人，最快的交通工具也需要几天几夜才能相聚，现在想见一个人，一张票就能飞入他的怀抱。

　　于是很多人，都产生了这样的错觉：对方没有立刻回复，一定是故意不想搭理自己，甚至会对那个体贴入微、相爱甚久的人产生怀疑：他到底喜不喜欢我？

　　人都是独立的个体，每个人在繁芜丛杂的社会都需要挺直胸膛，负隅抵抗。好姑娘应该懂，不是他每天准时守着手机说我爱你就是真的爱你，更不是没有接到你的撒娇电话就是忽略了你。真正爱你的人，会时时刻刻把你装在心里，然后为了你努力奋斗，他希望给你最好的一切，是因为他觉得你值得，那就应该给他足够的时间，直到足够拥有你。

其实为什么不这样想，他没有回复你，或许在给你准备最爱的小龙虾和鸡腿汉堡，也可能为了给你买最爱的畅销书不辞辛苦地奔跑。因为喜欢你，所以愿意把时间浪费在为你实实在在的付出上，而不是虚无缥缈的言语里。

在你的列表里，可以立刻回复你的人有很多，甚至他都不是其中一个。那些立刻回复你的人是不错，可以时时刻刻接受你的无条件打扰，关心你吃了没，睡了没，安慰你别伤心，坚持住，要加油。可是我觉得这些都比不过，你难过的时候他会及时递上纸巾和肩膀，给你一个默默的拥抱，静静地看着你肆意地哭泣。他知道真正的难过往往说不出来，所以不愿意用那些不疼不痒的话去安慰你，倒不如陪你一起难过，也好过让你一个人失眠到凌晨。

所以呀，姑娘，不要遇到那个立刻回复你的人就感激涕零，因为他喜不喜欢你，根本不是秒回的问题。

当然，我希望有一个秒回的人深沉地爱着你，如果没有，也不要垂头丧气，因为那个人正在他的世界里默默奋斗，只是为了遇见你，在他来之前，你只需要活成最好的自己。

真正的爱，还包括自由

我曾在日月星辰里，瞥见过你的温柔。
你可在湖光大海里，瞧见过我的自由？

01

遇到 L 先生的那天，阳光很灿烂，暖暖地铺洒人间，他对落落说，她笑得很可爱。落落的心就那样莫名地暖了一下，像舞台落幕前的礼花，热烈璀璨。很自然地，一向独来独往的落落身边多了个名为"男朋友"的人。

小城气候湿冷，总是喜欢飘洒着淅淅沥沥的雨，散发着一种不可名状的凄凉。而身边的这个男人，竭尽全力地展示着对落落的温存、柔软、连绵。

他的身边一刻都不能少了她，仿佛少了她就失去了全世界，他不间断地给落落发消息，给她提议各种游玩方案；他只要有空就约落落出来散散步、压压马路，也不管落落本来的计划安排；他把一切安排妥当，替她做一切力所能及的事，他用自己的成熟稳重，把她保护得像瓶子里的花朵。

可他并没有意识到，落落心里是怎么想的。他以为无微不至的好就能给予她所需的甜蜜，却不曾想，这种无缝不入的好，却演化成了束缚和压力。

落落天生感性，L先生对她千般万般的好，让她最开始觉得不好意思，后来慢慢变成了压抑。她有一种生活被别人掌控的感觉，尽管那是L先生，她的男朋友。

那也不行。

02

落落当然渴望爱情，只是这种被动的恋爱，不是她想要的。她没有办法，给予对方同样热切的回应，这让她很愧疚。

很多人喜欢在爱情里，强调另一半"对你好"的重要性。于是很多姑娘的耳边，都会响起这样的声音：遇到一个对你好的人，就好好珍惜吧，这年头，能死心塌地、一心一意的痴人不多了。是的，真的不多了。要不然也不会有那么多人大呼不再相信爱情。

可是爱情本身，不是矛与盾的关系，也不是阳光和花苞的关系，而是一架天平，任何一方的懈怠，都会造成失衡。但有时候这种懈怠，却不是一个人故意造成的，而是，这个人根本回应不了另一方的热情。

爱情这种事太过复杂，不是一个人对另一个人好就够了。如人饮水，冷暖自知，不知内幕的观众，都以为是我在幕后对你百般虐待，不然台前，也不会只有你一个人黯然憔悴，而我似冷血的刽子手，面若冰霜。

03

有一种无奈，不是不爱，而是心有余而力不足。

落落看着我，依旧满脸的忧伤。和 L 先生分手之后，那段似是而非的朦胧感情，一直在她脑海萦绕，挥之不去。她喃喃低语道："凉，我是不是天生就活该没人喜欢？这样一个好人都让我放手了，我不知道该怎么去爱一个人，也不知道该如何接受爱……"

我看着她憔悴的样子，心疼不已，摸了摸她的头，忍住没有出声。这个时候，她只需要有一个人倾听她就好，再多的道理，不过徒劳。

我也曾想告诉她，告诉所有希望恋爱或正在恋爱的女孩：亲爱的，恋爱这种事，真的不是他对你好就足够了。

既然你需要的是一个可以平起平坐的同行者，那一个事事处理妥当的大叔或者需要照顾的小男生都不是适合你的人，不同的人需要的恋人不同，大可不必因为愧疚而违心将就。既然没有办法回应他的热切关怀，那也只能说明你们不合适。和你有没有人喜欢或者不知如何爱一个人没有关系。

我在落落的眼睛里，除了看到内疚和忧伤，更多的是平静和释怀，没有追悔，亦没有无能的悲愤。

04

突然想起来希腊神话里面阿波罗和达芙妮的故事。阿波罗被丘比特的爱情之箭射中之后，开始对达芙妮进行了疯狂的追求：鲜花、钻戒、白马……倾其所有，能给的都给了。

这让达芙妮异常头痛，她变得压力山大，因为到处都有阿波罗的跟随和示好。无奈之下，她让父亲把自己变成了一棵月桂树，从此只和日月星辰为伴。她宁愿选择一生孤独，也接受不了这份热烈的追逐。

从某个角度来看，阿波罗的狂热已经限制了达芙妮的自由，而她偏偏热爱浪漫和自由，硬是无法回应阿波罗的爱。爱情并不意味着占有，好的感情应该是让两个人变得更好，彼此互相爱慕，又不失掉自由。然而现实情况往往是：青涩朦胧的时候无法抵挡，但是琐碎平凡中难共短长。

若在一段爱情里失去自我，丢掉自由，那不如就此错过吧，像杨柳忘记风的轻拂，我也会忘记温柔如风的你。你的温柔，会在我的记忆里慢慢发酵，直到深藏得不露丝毫。没有人愿意轻易放手一个对自己很好的人，但也没有人愿意谈一场很累的恋爱。因为每个人就这一辈子，太累的话，一路上都是荒芜和悲伤。

我曾在日月星辰里，瞥见过你的温柔。你可在湖光大海里，瞧见过我的自由？

如果某天我秀恩爱了，那么对方一定是世上最好的

好的爱情，一定是你在冬天冒雪送我一杯奶茶，我心甘情愿投怀送抱的那种，而不是你送我一杯奶茶，我不得已只能回赠一杯。

01

微博上曾经有一组漫画爆红，上面说："如果哪天我秀恩爱了，那么对方一定是世界上最好的！"

嗯，和大多数姑娘一样，这也是我的心声。爱情啊，真的是一件很奇妙的东西，得不到的时候，做梦都是甜的，一想到那个人啊，感觉整个世界都亮了起来。像穿着水晶鞋在云端舞蹈，飘飘然。

可现实是，很多漂亮优秀的姑娘，还在骄傲固执地保持单身。她们不是不想爱，更不是没人追，只是不想和某个谁谁谁随便在一起。她们要等那个最好最合适的人。

朋友圈里，经常可以看到很多秀恩爱的情侣。男朋友买的

包包、口红、衣服，都要拿出来晒一晒，哪怕不奢侈，不金贵。可因为是那个人送的，一杯水都会变成甜的。

朋友佳佳向我吐槽：最近被朋友圈里秀恩爱的画面虐到了，她半夜经常一边翻看，一边羡慕又心酸。

23 岁，除了学生时代有过一场不明不白的暗恋，佳佳至今单身。可令人难过的不是她自己的无奈，而是同学朋友的冷嘲热讽。那天佳佳参加了一次高中同学聚会，惊讶于每个人身边，都带了另一个人，只有她，孤零零地坐在角落里喝酒，格格不入。

"喂，你还是一个人啊？"当年的同桌阿强走到佳佳身边，一脸八卦地问她。

"嗯，我还不想……谈恋爱。"

"哈哈，不会是没人追吧。"阿强啤酒入肚，丝毫没注意到佳佳的尴尬。那天，她的脸红到了耳根。可是心里，却满是无奈和难过。

"我有钱有颜有学历，还担心没人追吗？"佳佳很伤心，因为她不理解，为什么总是有人把单身和没人追画等号。

02

我身边的单身女孩儿，的确有很多。没人追吗？不是的，我有个妥妥的女神范儿朋友，光收到的花束，就可以装饰整个宿舍。可大学两年过去了，她依然保持单身。

很多大学单身的姑娘，都被一些牙尖齿利的人诟病：你看她整天打扮得那么好看，还不是孤单的一个人啊？谁告诉你的逻辑啊，单身就是种罪过吗？一个人吃饭睡觉逛街就一定活得很孤单吗？

有句话很好：一个人，也要活成一支队伍。一个人的时候自由又自律，可以随心所欲，想去哪儿就去哪儿，不用担心时间和同伴，英勇、骄傲地对着世界闯一闯，多有意思呀。

其实说白了，很多条件优秀的姑娘之所以保持单身，不是因为不想谈恋爱，更不是因为什么眼光高等无稽之谈的理由，而是，她们真的不想随便和某个人在一起。

拿那位女神朋友来说，如果她想摆脱单身，肯定是很容易的事儿，因为自身条件很好，追求她的男生也前仆后继，变着花样地送花送饭送包包。

"可是因为他送的包包很漂亮，他做的早餐很可口，我就该感动到痛哭流涕和他在一起吗？"

真的不用。正如她拒绝那些送到眼前的鲜花和包包，那些不喜欢的人，她也同样不愿将就。

03

以前看过一个视频，一个小伙向姑娘求爱，在冰天雪地里赤着脚铺满了玫瑰花，还用脚丫写出了姑娘的名字。这些举动真令人感动，围观路人都在啧啧心疼他。

意外的是，姑娘当着所有人的面，委婉地拒绝了小伙。不用说，在八卦的群众眼里，她实在太绝情：人家都冻得没知觉了，玫瑰也买了，就差个结婚钻戒了，你就这么狠心呢？

可是，就算拿来几十克拉的大钻戒，就该答应了吗？直截了当拒绝的姑娘其实并不绝情，大多数时候，面对感情，这种人反而拎得清。她没有因为感动，就和一个人在一起。不是两情相悦的爱情，一定不会甜。

好的爱情，一定是你在冬天冒雪送我一杯奶茶，我心甘情愿投怀送抱的那种，而不是你送我一杯奶茶，我不得已只能回赠一杯。因为爱面子，假装去爱一个人，反而更没意思。

后来我才知道，在爱情里，真的不是努力一点就足够了。坦白讲，如果一个人不爱你，你再怎么殷勤，可能都是在自导自演。你以为的观众，其实随时都在想着离场。那些拿着玫瑰表白成功的戏码，大多还是因为水到渠成，不是因为每个男主都做好了失败的准备，而是他在买玫瑰花的时候，就已然胸有成竹。

所以你看到的，不过是预谋已久的一场甜甜的喜剧而已，放到自己这里，还是要提前认真看清的。

04

我们要和一个什么样的人在一起呢？

首先得足够爱。爱的定义有很多种，但是不管什么形式的爱情，对方一定可以感受得到。

他得爱你到什么程度呢？我想，是把你当成他生命的一部分，是喜欢有你，习惯有你。还有，是把你风雨里像大人的样子，重新还原为阳光下的孩子模样。

王小波在写给李银河的《爱你就像爱生命》里说：你生了气就哭，我一看见你哭就目瞪口呆，就像一个小孩子做了坏事在未受责备之前目瞪口呆一样，所以什么事你先别哭，先来责备我，好吗？

男人至死是少年，女人一生为少女，这话一点不假。可是你相信吗，真正爱你的那个人，会毫不犹豫地把他的童性，统统让给你。哪怕他自己并不成熟，也想做个天真的少年呢，但是为了你的公主心，他会伪装得像个不动声色的大人，从不觉得累。而你明明自己可以强大到无所畏惧，但因为遇到了对的人，变回 16 岁的纯真。

我相信，这个世界上万事万物所有的来和去，都有它的因缘和时间。感情更是。强求不来的，不如冷静随缘。若是没准备好出发，就别匆忙上路。所以，如果某天你要秀恩爱了，那么我希望是这个世上，对你而言最好最适合的那个人，姗姗来了。

诗人海子曾说："我相信天才，耐心和长寿；我相信有人正慢慢地艰难地爱上我；别的人不会，除非是你，我俩一见钟情。"最好的，永远值得等待，你要十分有耐心，才能得到最暖的真心。然后，收获一生的温馨。

下一个你爱上的人，就是我的模样

谢谢你，给了我重生的机会和勇气。

我会带着你的爱，好好活下去。

01

今年年底，许清一遵守承诺，跟着红药去了她的家乡冰城。

红药没有骗他，冬天的哈尔滨真的格外漂亮。广场上陈列着各种形状的彩色冰雕，每一个都晶莹剔透、做工精致，显示着制作人的聪慧与灵巧。

红药兴奋地跑到冰雕面前，央求许清一给她拍照，许清一拿出手机，给红药拍了一张侧影。

照片里的红药穿着一件洁白的长款羽绒服，戴一顶橘色的贝雷帽，微微颔首，笑得格外灿烂，她一笑，脸上露出两个浅浅的梨涡，非常可爱。看着不远处像孩子一样快乐的红药，许清一痴痴地笑了起来，笑够了，他突然背过身去喃喃自语：

"红药真好看，桥媛……应该和她一样好看吧……"

想到桥媛，许清一忍不住背过身去，掩面而泣。

02

两年前的冬天，许清一出了一场车祸。

那时候，他刚刚被北京一家顶级网站设计公司录取，正准备大显身手好好干出一番事业，可命运善妒，就在许清一风生水起的紧要关头，这场车祸，给他的人生留下了挥之不去的阴霾。

许清一失明了。

腿部虽然受了重创，但是经过一番抢救，双腿有幸保住了，可他的眼睛却因为错过了最佳治疗时间，永远失去了光明。

那段时间，许清一每天过得都很颓丧，他无数次想过自杀，但面对每天以泪洗面的母亲，许清一在濒临放弃的边缘一次次被拉回。

"如果不能做事，和废物有什么区别？"

一个人时，他常常自言自语，有时候头脑清醒，语出惊人，有时候疯疯癫癫，不知所云。

直到他遇到了桥媛。

许清一熟悉了导盲棍的使用后，经常独自去楼下散步，那天他正要去买蔬菜，却听到了一阵争执声。

凭借敏锐的直觉，许清一听出了争执的原因。一个女孩的钱包被偷了，但是对方一直咄咄逼人、不肯承认，女孩语气哽咽，似乎快要哭出来了。

许清一走上前，坚定地告诉那个人，他亲眼看见了偷钱包的经过，听完了陈述，对方自知没趣，马上离开了。

桥媛感激涕零，不停对许清一道谢，过了一会儿，平复心情之后，她停止了啜泣，很疑惑地盯着许清一看。

"是不是很奇怪啊？"许清一意识到了女孩的犹豫，摘下了墨镜。

"我的确是个盲人。"

桥媛捂住嘴巴。

"那你……为什么会相信我是无辜的？"

"因为你的声音里，藏着真诚。"

他们两个都笑了，就这样，桥媛主动扶着许清一过了马路，他们成了朋友。

03

相处得久了，许清一虽然并不知道桥媛长什么样子，却对这个女孩充满了好奇和喜欢。

桥媛性格开朗，经常给他讲各种见闻和趣事儿，逗得许清一哈哈大笑，有时候她还会主动约许清一出去玩，抓着他的手一起抓娃娃。

听着桥媛爽朗的笑声，许清一觉得很开心，他好久没有和一个女孩这么愉快相处过了，虽然是以这样一种充满好奇的方式。

但是，许清一有一件事不知道。从他摘下墨镜的那一刻，桥媛的心就跟着沦陷了。她喜欢上许清一，只用了不到一分钟。所以，后来的所有陪伴，真正收获开心的人，是桥媛。

许清一更不会想到，桥媛会在情人节那天，向他告白。

那天他们一起吃了饭，对于单身许久的许清一来说，并不知道是什么日子，就在吃完饭的时候，桥媛提示让他先不要走。

"送给你一个礼物。"

桥媛拿出一颗柔软的红心，放到许清一手心里："摸摸看，你能猜出是什么吗?"

"好像，是一颗毛绒的心。"

"收下它，好不好?"桥媛语带羞涩。

许清一突然明白了什么，语气慌张："桥媛……我恐怕，不能接受。"

"你不喜欢我?"桥媛的语气变得急促，再次快要哭出来。

"不，和你在一起，我非常快乐，只是，我是个盲人，会耽误你的。"

"许清一，我爱你。"

04

很久很久之后，许清一已经不敢去想象那天的场景。

因为桥媛的告白，是值得他一辈子珍藏的回忆。

"许清一，我爱你，不管你什么样子，我都爱。"

在一起之后，桥媛变得比以前更加开朗，她会努力制造各种惊喜，永远牵着许清一的手逛街，陪他试穿各种新款衣服。

每次只要桥媛说好看，许清一就会兴奋得像个孩子，紧紧抱着桥媛大笑。

有了桥媛的许清一，再也不需要导盲棍，他们手牵手走在街上，凭借超高的颜值和衣品，惹来无数人回头，羡煞旁人。

直到有一天，许清一一整天都没有听到桥媛的笑声。

桥媛去了医院。

晚上回到家，桥媛竟然和许清一谈起了眼角膜的问题。

"我现在有了足够的钱，清一，我们去做手术吧。"

"可是，我不想再连累你。"

"比起连累我，我更希望，你可以亲眼看看我。"

"好。"许清一答应了。

桥媛从医院拿回来的报告单上写着四个字：胃癌晚期。

05

三个月之后，许清一顺利做了眼角膜移植手术。

可令他不解的是，直到手术的前一天，桥媛也没告诉他捐赠人是谁。

解开绷带睁眼的那天，许清一激动地想要看看桥媛的样子，可他第一眼看到的，却不是桥媛。

病床旁边，坐着早已哭成泪人的母亲和妹妹。

"哥，桥媛姐姐让我告诉你，她把心交给你之后，从来没有后悔过，但是，她真正想送给你的，是这个世界。"

得知真相的许清一，哭到崩溃。

他这辈子再也没有机会，可以亲眼看看那个带给他欢乐和幸福的女孩子，到底有多好看、多可爱。

出院之后，许清一疯狂地翻看桥媛生前的朋友圈、微博空间，可很奇怪，桥媛似乎早就预料到许清一会找她，没有留下任何视频或照片。

失魂落魄的许清一，只好去他们曾经同居过的出租房感受桥媛的影子。

可就在床底的箱子里，许清一发现了桥媛给他留下的最后的欢喜。

箱子里放着那颗红心，上面刻着"love"的标志，红心的旁边，是一封信。

许清一双手颤抖着，打开了信封，里面什么也没有，只有一张空白照片，上面写着一行字：

"别再想我长什么样子，下一个你爱上的人，就是我的模样。希望你可以陪着她，好好活下去。永远爱你的，桥媛。"

许清一低下头亲吻了照片，泪流满面。

谢谢你，给了我重生的机会和勇气。

我会带着你的爱，好好活下去。

7

在深夜痛哭，也在天明赶路

你有多久没毫无掩饰地哭过了

最怕你觉得大哭丢人，还安慰自己坚强可贵。

01

能不能悄悄问你一个不太礼貌且有些私人的问题：你还记得上一次哭是什么时候吗？

我记得哭得最惨的一次，是小学二年级的时候，班里流行玩竹蜻蜓。我当然也想要，然而在我苦苦哀求妈妈未果后，自然而然地开启了大哭模式，后来妈妈拗不过给我买了，我却由于哭伤了心，一下午都在流泪。想想当时，还真是傻得可爱啊。

长大之后，就再也没有这样与哭泣肆无忌惮地相依相伴的日子了，因为在这个世界的某种定义下，自己已经算不上是个孩子了。曾经听人说，成熟的标志不是懂得多少大道理，而是去理解周围的小事情，去体谅周遭的不得已。当你理解了这些零零碎碎的小事情后，一切似乎都变得风轻云淡了，而你也终于成长为坚强无畏的模样。

你知道分手了是有机会遇到更好的，没必要哭得死去活来；失业了是为了更好的岗位，受伤了是锻炼自己的机会，被误会了也是暂时的不爽。

02

牛奶咖啡在《越长大越孤单》里唱道："越长大越孤单，越长大越不安，也不得不打开保护你的降落伞，也突然间明白未来的路不平坦……"

时光的年轮匆匆滚动，带着你炽热的梦想朝着那个叫作未来的方向前进。你是在成长，成长为越来越成熟干练的模样。可是你有没有真正注意过，好像在你明白了未来的路不平坦的那一刻，你的悲喜就再也不轻易形于色了。

你认真把那些不停跃动的小情绪仔细收好，小心翼翼、精神焕发地换上崭新的西装和礼服，打扮成优雅的大人模样，对着世界报备你成长的目标和你成熟的骄傲。

你不再为了一点小事就肆意发泄，即使再委屈也愿意把苦涩藏到心里，一个人默默吞下去。哪怕上一分钟刚刚和男友分手，还没来得及收拾残败的情绪，下一分钟闺蜜打来电话邀你去看电影，你也会故作轻松地欣然答应。你把青春那一袭华丽的袍子仔细地脱了下来，轻轻地放进时光的行李箱。

然而，你不知道的是，一旦放进去，终此一生，可能再也拿不出来了。

03

当年，为了一支冰激凌，我们可以对着爸爸妈妈哭一上午；为了橱窗里的那件白色的连衣裙，可以二话不说泪如雨下；为了脚趾上那个小小的伤口，可以哭得鼻涕一把泪一把。

那些年的我们，还不懂得隐藏自己的悲伤，并喜欢把它无限放大暴露在空气中，用哭泣来肆意发泄情绪，甚至连空气中都弥漫着伤心的味道。

可是，生活会慢慢用经验告诉你，别再为了一点小事情就手足无措地说失望，因为遥远的未来不允许怅然彷徨。成熟的另一个名字，唤作坚强。

然而再坚强的人，也有柔软的一面，也有悲伤泛滥的时刻。坚强一点的确是好事，但是，千万不要把负面情绪悄悄隐藏，不管你是喜形于色的孩子，还是习惯坚强的成年人。因为情绪的发泄是人心理所必需的，哭泣作为人的一种正常生理活动，是悲伤最好的宣泄方式，生而为人，此为理性生活的一种。

04

用哭泣来宣泄，而不是徒留伤感在心间，过度的伤感会像一颗负面的毒瘤，会慢慢发芽滋生，一旦积压起来，后果不堪设想。

初中时班级里有个女同学，特别爱哭。上课遇到老师提问问题回答得不好，坐下之后二话不说就放声大哭，惊呆了一班人。久而久之，大家不仅没有习惯，反而视她为异类，集体排斥，甚至连老师也介入，找来家长带她去看心理医生。

几天回来之后，她再也没有在课堂上哭过一次。然而所有人没有料到的是，她上完那学期就退学了，原因不详。不过据说是感觉自己真的有心理问题，想哭不敢哭，又没人可以诉说，干脆回家自闭了……

其实当时，如果所有人关注的不是排斥她的哭，而是关心一下她为什么哭，或许就不会这么糟糕了。

或许她当时的哭并不是没有缘由，大概是心灵确实比较脆弱，承受不了别人异样的眼光，所以稍微有些不顺心就会情绪失控，用哭泣来表达内心的难过和委屈。

05

随着我们年龄增长，总会有很多人告诉我们，别动不动就哭了，多丢人，你是个大人了，要学会坚强起来；不要轻易把情绪展示给别人看，要学会察言观色，尽量迎合大众，隐藏情绪化的自己。

可是，我多希望有人在我悲伤的时候，轻轻拍打着我的脑袋，告诉我说，伤心就大声哭出来吧，不要憋坏了身体，我会一直陪着你，直到伤口结痂，直到你在鲜血淋漓中再度醒过来。

　　我们渐渐长大，开始觉得作为一个大人，大哭实在丢人，还安慰自己坚强可贵。我知道你是个大人了啊，但是我相信你有权保持哭泣的能力，仅仅为了那个真实的自己，无所谓成长，无关乎坚强。很多时候，你心里其实明白，自己也许根本没那么坚强，只是学会了伪装。

　　所以，亲爱的你，下次难过的时候，不要和悲伤玩躲猫猫了，你完全可以在深夜剖开伤口毫无掩饰地大哭一场，哭的像只无家可归的花猫都没问题，真正在乎你的人，怎会轻易去嘲笑你呢？

我们其实没那么坚强，只是学会了伪装

是什么时候开始发现，越来越喜欢一个人独来独往了？不再背起年少的行囊，和那个无话不谈的朋友肩并肩说梦想；不再在寒冬烈日里埋头苦读，为了一座想见的城奔赴战场；不再满脸天真地放下书本，心里揣着说不清道不明的远方。

而是扛起资料整理好着装化好浓妆，扮演着曾经最鄙视的大人模样。然后对着镜子无比严肃地告诉自己：从今天起，你就是个大人了。

01

上周末兴致勃勃地和闺蜜见了面，将近一年不见，我才发现，彼此脸上的烂漫感早就一扫而光，取而代之的是这一年在不同的城市生活的陌生气息。

我们去吃了饭，看了最新上映的电影，还去吃了想念已久的麻辣烫，唱了两小时的歌。紧锣密鼓地做完这些事情，时间仿佛都不够用的，回家的时候，天已经黑了。虽然看起来

玩的很开心，可我们一整天说的知心话，都比不过曾经头对头说的一小时多。

闺蜜还是曾经的她，我也是曾经的我。我们还是那种一个眼神就能心领神会的知己。只不过现在的眼神里，多了一些疲惫。我们再也没有当初心潮澎湃地去描述梦想的激情了，述说的不过是各自生活的小忧愁罢了，单调而无味。

我们还是曾经的我们，只是再也没有办法对当初的自己切身体会。挥手告别的，就是永别的青春。

02

随着年龄增长，生活这面镜子愈来愈清晰地照出我们的模样，我们不得不时时刻刻把自己伪装好，然后看着镜子里那个精致的自己，长舒一口气，投入到纷乱复杂的现实当中去。

失恋无处排遣的时候，我们没有对着任何人哭，而是一个人默默地走过曾经的林荫路，在无人的角落里泪流满面；毕业无路可走的时候，我们没有被打倒，而是一个人咬咬牙告诉爸妈"我很好"，然后凌晨两点还在对着电脑小心翼翼地投递自己的简历；房租到期被赶的时候，我们也没有绝望，而是拖着笨重的行李箱一点点挪到公交上，在收费便宜点的宾馆勉强熬一晚。

我们把自己打扮得像个超能战神，骄傲地全副武装，对着冰冷的世界负隅抵抗。有时，我们坚强到无懈可击，坚强到无孔不入，坚强到再也不去找那个深夜疗伤的人了。

03

　　我们确实长大了，不需要那么矫情地诉说点滴悲喜了，只需要踏踏实实做好自己的分内事，认认真真做他人眼里的成年人。

　　成年人嘛，应该学着去懂事了，做事干练、待人妥帖、随时整装待发，从不慌乱、从不含糊、从不依恋、很少抱怨，成年人身上总贴着一个词，那就是成熟。

　　但是深夜反思时悄悄扪心自问，我们真的刀枪不入吗？答案是否定的。每个人的骨子里，其实都是个孩子。脆弱感和恐惧感是与生俱来的，而不是用所谓的坚强就能消除的，只不过大部分时候，我们对这部分柔软脆弱选择了压抑和忽略。

　　作为茫茫众生中再普通不过的我们，需要承担起生活的重担，为了房子、车子、婚姻家庭，不得不树立起完好无缺的形象；而另一方面，越来越加速的生活节奏让我们丢失了好好幻想和好好诉说的能力，我们不希望把时间浪费在虚无缥缈的事情上，与其找人说自己受的委屈，还不如再多工作一会儿给自己加一些薪资来得踏实。

　　哪怕你内心住着一个孩子，生活最终也会逼着你学会伪装和长大。

04

其实成人真的没那么坚强，只是学会了伪装。为了维持体面的生活，未来的期许，没什么大不了的。

是的，没什么大不了的，作为面对生活的一员，我们只能学着接受这些逃不过的挑战，没有余地商量。但是大部分时候，我们又伪装得太可怜了，以至于失去了"想哭就哭，想笑就笑"的能力，想想都挺可怕。伪装并非不真实，只是对于一个人来说真的太硬了，有些老气横秋的苍凉感。

做一个情绪饱满的人，比做一个百万富翁要困难得多。其实能不能不要那么强硬，稍微柔软一点呢？我们体会到生活的酸甜苦辣咸，少了哪一种味道都无法称得上完满，人也是，喜怒哀乐，不该凭空抽走任何一样。

我和闺蜜都知道，彼此把最真实的一面隐藏起来了，过去的日子，在那个陌生的城市经历过多少无奈都绝口不提。不是对方不够亲近，事实就是因为太亲近了，反而不愿意给她带来麻烦，带来困扰。但是我们都忽略了一点，我们都只是个 20 岁出头的姑娘，而不是事事顺心的成功者。

我不希望成为一个冷漠的人，也不愿意忍受事事隐藏的憋屈。如果可以选择，我更愿意做一个没心没肺的小孩儿，想哭就放声大哭，从来都不用费心伪装掩盖，该多爽！

曾经拥有多少欢乐，现在就会多怀念那段随心所欲的日子。连梦想都变得那么真实，好像说说就能实现一样。我并不觉得那个时候很矫情，反而觉得特别勇敢随性，哭都带着骄傲。

随心、随喜、随性、随缘、随遇而安——那是回不去又忘不掉的从前。

"亲爱的，我失恋了……呜呜呜……"

"不怕不怕，还有我在，我给你讲个笑话吧。从前，有个顶着蘑菇的兔子……"

"哈哈哈哈哈……"

我满脸挂着泪珠，笑得像个傻瓜。

人生没有过不去的坎

小时候，哭是我们解决问题的绝招。长大后，笑是我们面对现实的武器。

人生啊，哪有过不去的坎，只有转不过的弯。生活再黑暗，前路再艰难，哭笑过后，也能见蓝天。难过就大哭一场，开心就大笑一回，其实没有什么过不去的，别总是为难自己。

01

曾经看过一则新闻：某大学生由于还不起房贷，最终选择了于学校附近宾馆自杀身亡。初看心痛，再看心惊，年纪轻轻到底经历了什么过不去的伤痛，才酿成了如此惨烈的悲剧。

我的朋友圈里，大多是一些 20 岁出头的年轻人。他们或朝气蓬勃，洋溢着满满的青春气息；或铿锵有力，过着色彩斑斓的生活；或兢兢业业，努力下好人生的每一步棋。

我一直以为，这才是年轻人该有的样子。当然，偶尔也会在深夜，看到他们发一些疲惫的牢骚：辛辛苦苦工作了一年，发现年底的裁员名单里有自己的名字；和异地恋女友好容易熬到毕业，却发现她的聊天记录里多了另一个人；上个月花掉一半工资买的夹克衫，挤地铁时不小心划了一道口子……每一件事，听起来都那么惹人厌，生活总是喜欢摆出一副洋洋得意的样子，挥舞着巴掌把我们打哭。

所谓人生艰难，不过是把那些七零八碎的苦难，统统降临到我们这些普通人身上。而且，还不能抱怨，因为没用。人活一辈子总要经历些坎坷，或大或小，但不管大坎坷还是小坎坷，笑着迎接它，面对它，继续往前走，都会过去的。

也许未来一天，当你回头看的时候，也不过是轻轻地感叹一句："都过去了啊！"

02

你说你压力太大，事业不顺，生活不如意。可是谁又是一帆风顺的呢？我始终觉得，年轻时经历些坎坷和不顺，未必不是件好事，虽然它让我们走得更累、更苦，但是它也会让我们懂得更多，收获更多。年轻时经历过一些失败，才知道以后应该以什么样的心态继续面对未来。

过年聚会时碰到了一个姐姐，在南京读大学，毕业后，她立志要考上北大的研究生。今年，是她第二次参加研究生考试。聚会的时候，大家兴冲冲地问她考上北大没有，她动了动嘴角，笑着说"没有"。

那一刻，我忍不住放下筷子，看了看姐姐的眼睛，要知道，为了"二战"，她几乎押上了所有的筹码。可是，那时，她是真的在笑。

后来我还是厚着脸皮去问她："姐，你真的不难过吗？"

她被我逗乐了："当然难过啊！可是我要摆出一副哭丧脸，把自己关起来大哭绝食不吃不喝吗？多傻啊！"

突然感觉自己蠢极了。对啊，谁说失恋了失业了失败了，就要一哭二闹三上吊呢？生活总归不会一直保持着可爱的样子，所以没法强求一个人一直死心塌地地爱生活，但是我们可以笑着去拥抱自己。

我们所理解的苦，其实大多数时候，是被放大之后的最坏结果，人性本弱，总是喜欢用苦难来虐待自己。然后落个遍体鳞伤，可怜兮兮地巴望着世界，哭着说它不会好了。可它对别人，也不见得比对你温柔。

我见过最有力量的人，往往是被生活折磨得体无完肤又重新站起来的人，坦白讲，几乎所有领域的精英，都或多或少承受过挫折。

曾经上过《舞林大会》的舞蹈老师廖智，在汶川地震中失去了双腿，但她在与死神擦肩的那一秒，选择了活下来。她说，没了丈夫和女儿，可她还有爸爸，他需要她。后来她走上耀眼的舞台，却只留下一句：感谢生命的美意。

那一刻，所有人泪流满面。看吧，这个世界上总会有人比你更痛，却笑着面对生活。生活真的没那么难，也没有什么是扛不过去的。

03

生活不易，众生皆苦。有多少次想走下去，就有多少次想放弃，每个人的一生，或多或少，都在坎坷和荆棘里踏过几次。可重要的并不是那些荆棘，而是你能否修炼披荆斩棘的勇气。

《鲁滨孙漂流记》里有一句话：害怕危险的心理比危险本身可怕一万倍。很多人被世界虐待之后，都选择了退缩，因为心存畏惧。而我非常欣赏鲁滨孙的这种精神，面对困难他没有退缩，也没有恐惧，他在那个无人的小岛上，创造出了属于自己的天地，也创造了重生的另一个自己。

生命是一场不知道哪里是终点的马拉松，要想跑到尽头，你就必须不断用力，不断摔倒，再用力。这个过程可能异常艰难，可它却属于每一条鲜活生命的轨迹，没有人一帆风顺。

我想，对于这场生命体验，最重要的，该是人的力量的体现。有人因为金钱、爱情、权力的影响，还没等到遍体鳞伤，早早对生活投了降，用他们的话说：苦难太多，根本不值一抗。

因为失败没有借口，所以更多的人，选择了笑对生活。大概生活的可爱之处就是，它一边不断给世人施压，一边又不断激发我们的潜能，看看在这场马拉松里，谁才是真正的赢家。

从这个角度看，它一直没错，只是在淘汰懦夫罢了。

04

用乐观态度面对生活的人，没什么坎儿是过不去的，他们总能以最美的姿态跨越每一个坎坷。遇到困难，你可以抱怨，可以哭泣，可你要知道，明天的太阳还是一样升起。

你只需要知道，这个世界对谁都是一样的，你过得很累，可其他人一样没有顺风顺水。累了就去被窝里冥想发呆，渴了就买一杯冰镇的柠檬茶，和街道口的煎饼大妈唠唠嗑，或者去路边买一碗热气腾腾的牛肉面，听过路的汽车轮番鸣笛，闻一闻路边的野菊，看几部幽默或者感人的电影……看看这俗世红尘，看看烟火气息，哪怕这一切，只是为了取悦那个心情不好的自己。

人生，真的没有过不去的坎，就算失恋失业失态又如何，只要你还抱有希望，这个世界也没有那么糟糕，不是吗？

笑着面对坎坷和苦难，是生活的制胜法宝。心态乐观的人，即使看清了生活的本质，也能昂起头来，活成自己的盖世英雄。毕竟在这个世界上，身体健康、平平安安已然是馈赠，而你要做的，就是善待生命的每一天并心存感恩，这世上还有很多人，过得比你还要糟糕，你又有什么资本，选择挥霍生命呢？

　　最后，希望你能在以后的日子里，努力做一个可爱的人，一个闪闪发光的人，不讨好，不将就，即使忘不了过往的苦难，也决不沉湎。

　　你只需要一路向前，披荆斩棘就好，记住，没有什么是过不去的。

善良一点，因为大家的一生都不容易

如果做不了圣人，那就做一个平凡人，去帮助另一个平凡人。

01

世界的每个角落，都在发生着形形色色的故事，而最动人的那一个，往往不是当下发生的。

曾经有一则新闻令我无比感动：上海一位老人，每天傍晚都会拄着拐棍去坐闵行 3 路公交车，连续两天没坐车之后，公交车司机夏师傅意识到出了意外，连忙赶到老人家，敲门却无人应答，于是联系警方开门，救了突发脑梗的老人。

因为夏师傅一个善举，老人保住了性命。他伸出的不仅仅是一只手，而是善良和责任心。

我们总是会看到有人慷慨激昂地讨论社会上出现的"老人摔倒扶不扶"的问题，总有人感叹世风日下，总有人指责人心冷漠。但这并不代表这世界上的善意和爱心也随之消亡。

善良，其实一直都在。

当一个人帮助别人的时候，内心同样会得到一种满足感，善良是让我们感受到自身存在感的最美好形式。当看到别人发生危险的时候，大多数人一定会有冲出帮一把的念头，只是把它发挥到什么程度，需要看念头的强烈程度。相比之下，我更喜欢将心比心这个词。与其纠结要不要帮忙，不如换位思考，想一想如果自己是受害者，结果会怎么样呢？

伸出手扶一扶老人，不是因为害怕被诟病冷漠，也不是为了得到别人的夸奖，而是如果摔倒的是我们的父母，心底会做何感想。那些心里时刻装着别人的人，才是真正可爱的人。

02

世界之所以愿意对你敞开心扉，大多数时候，是因为你给予了世界温暖。

有个词语叫报酬，字典上的解释是：作为报偿付给出力者的钱或实物。也就是说，这个世界上大多数的获得，都需要付出代价。现实生活中，我们不乏见到那些自私自利、冷漠无情的人。

但我们同样也见到，偏偏有一些人，不需要任何报酬，心甘情愿付出。他们明白，爱是相互的，生活不易，众生皆苦。

很久之前，听父亲讲过爷爷的故事。爷爷是个热心肠的人，在那个吃饭都成问题的饥荒之年，亲人可以为了争一口饭反目成仇，朋友也可以因为金钱分道扬镳。但是爷爷，却经常把辛苦得到的粮食分给别人。**不仅如此，谁家有困难，**他一定第一个去帮忙，而且人家请吃饭，他从来都是委婉拒绝。爷爷常说："大家的粮食都来之不易，帮个忙是出于做人的本分，没必要索求回报。"

有一年，爷爷需要给父亲盖房子，于是通知了一些熟人来帮忙。那天父亲放学回来，被院子里的场景惊呆了：那是他第一次见到那么多人！

村子里听说这个消息的人，哪怕仅仅只吃过爷爷一个馒头的人，都来了。父亲说，才知道爷爷曾经帮过的人，真的没有白帮。

每个人的心里，都藏着一个世界。或大或小，或平庸或漂亮，只是在它的某个角落里，一定藏着善良。如果做不了圣人，那就做一个平凡人，去帮助另一个平凡人，一样可以熠熠生辉。

03

这个世界上有纯粹的善良吗？作为普通人的你我，愿意伸出手去帮助一个陌生人吗？

我曾经听过这样一个故事。有人放了一张图片做调查，问图中人物之间的关系。画面是在下雨天，一个男人给一个抱着孩子的女人撑伞，两个人轻轻地走在泥泞的小路上，因为是背影，看不清他们的表情。

有人说，他们肯定是夫妻，因为靠的很紧密，男人在给妻子撑伞。

有人说，可能是邻居，大概是顺路遇到了，顺水推舟送个人情而已。

还有人说，男人可能是某个上司，假装帮助女人，却图谋不轨。

可答案是：他们没有任何关系，只是两个萍水相逢的陌生人。

不用想，这个答案，一定让有些人大呼失望，因为他们根本不相信会有来自陌生人的善良。仿佛不求回报地去帮助一个人，早就变成了一件极其奢侈的事情。下雨天，多得是行色匆匆赶路的人，谁还愿意用一腔善良，为那个淋湿的陌生人撑起一把伞呢？

图片的主人说，那是二十几年前，他亲自经历的事情，图中的男人，就是他自己。只是没想到，多年之后拿出来再看这件事，竟会被人曲解出那么多层含义。

04

听过那么多悲伤的故事，我依然想劝你，对这个世界心存希望，对善良心存希望。很久很久，无法热泪盈眶了，只是看到那个善良的司机师傅，还是会感动。也时常会想，如果善良真的丢了，世界会变成怎样？

区别好人和坏人，其实无外乎他的行为举止是否在为他人，甚至为更多人着想。电影《奇迹男孩》里有段话很经典：

伟大并非在于力量的伟大，而是你如何正确地使用你的力量，去善待他人，善良一点儿，因为大家的一生都不容易。

想要被世界温柔以待，最重要的是看得见自己的力量，换句话讲，就是用我们自己的努力，去感化这个世界。哪怕微不足道，哪怕坏人不会变好呢。可我们在尽力，用信念和行动施展着最动人最骄傲的人之资本。没有人会拒绝一双爱笑的眼睛，这个世界，也从不会无情到，刻意压垮一颗颗美好的心灵。

愿不愿意，相不相信，主动权都在你手里。

我还是希望，我们都能努力，将生活变成欣欣向荣的样子。不求大同社会的夜不闭户，只是祈求在寒冷的下雨天，可以有陌生人走过来，共同撑起一把伞。只是希望将心比心，看到路上摔倒的老人，第一念头想他如果是自己的父母，还会不会犹豫。只是希望心底热切的善良冲出时，能少一些徘徊和犹豫，就像泰戈尔说的：老是考虑怎样去做好事的人，就没有时间做好事。关于善良这件事，最好的状况是，我们每一个人，都置身其中。

奇迹男孩普尔曼说：每个人都值得全世界站起来为他鼓掌一次。希望每一个善良的人，都能被这个世界善意相待。正是那些善良带来了温暖。

同样，每个人也应该站起来，做一次为别人鼓掌的人。大家的一生都不容易，世界需要每一个善良的人，用生命和爱来灌溉。因为有你，因为有爱，世界才能变成美好的人间，一年四季，开满幸福的花朵。

别叫她"剩下来的姑娘"

　　我一直相信，每一个用努力给生活交出答案的姑娘，都会把命运紧紧握在自己的手中。

01

　　不知从什么时候开始，单身似乎成了一种罪。

　　我们总会听到有人喋喋不休地说："女孩子超过 25 岁没结婚，就是剩女啦!"也总会见到一些事业有成、智商与美貌并存的姑娘不知什么时候便被人扣上一顶"大龄剩女"的帽子。

　　我所认识的朋友阿朵，魅力十足，论年龄，已近 30 岁，确实早过了大多数女生谈婚论嫁的年纪。当很多同龄姑娘抱着宝宝当起了贤妻良母，她还不知疲倦地打拼着，最终凭着自己的努力活成了大多数人嘴里的"女神"模样。

　　阿朵在一家自媒体公司工作，薪资待遇极好，工作之余，还开了一家属于自己的实体店，负责各类化妆品的销售。虽说工作累了些，但是用阿朵的话来说，每天意气风发，自然会乐此不疲地去享受这种生活，同样爱上用力生活、丰盈饱满的自己。

只是阿朵的父母看不下去，他们觉得女孩子不该这么拼。好说歹说，阿朵被父母逼着去相了一次亲。那天晚上加班，阿朵去得晚了些，男生倒是没有心急，颇有礼貌地问她想吃什么。阿朵没有多想，随便说了一个自己常去的自助餐厅，人均消费200元左右。没想到，男生顿时脸色不虞，竟然推脱说公司突然有事，借机溜了。

相亲的事不了了之，后来，阿朵才知道，那个男生，当时是被自己"豪放"的消费吓到了。他偷偷和别人说，这样败家的女人，吃个饭就这么贵，不敢娶。

阿朵哭笑不得，莫名有些庆幸：如果那天委曲求全选择一家小吃店，然后和这样的男人结了婚，日子可就真的糟心了。

阿朵后来和我感叹道："我不是爱钱，只是对方的态度着实伤人。不过，养不起我没关系，我养得起自己就行，何况我把自己养得这么贵，也没想便宜任何人。"

02

这个社会表面和气，但其实十分残酷，似乎每个人都活在林林总总的标准里。但是，那些大众约定俗成的标准，就一定正确吗？

我身边有这样一群女孩：她们打扮时尚，体态优雅，性格活泼可爱，用读书和旅行充盈自己，生活井井有条，颜值和修养并存。即便没有进入所谓世俗的轨道去结婚生子，她们依旧活得风生水起，日子过得活色生香，自信且独立，不依附谁，也不讨好谁，她们中很多人都是单身，但她们也是自己世界里的贵族。

不想结婚吗？当然想，只是她们的婚姻标准只有一个，那就是：我喜欢。而不是他人口中那样：找个老实人就嫁了吧，哪怕穷一点、笨一点，一起打拼吃苦。对于这种观点，她们十分不认同：我们那么努力，就是为了能有更好的明天，怎么能轻易因为婚姻而将就妥协？

勃 40 岁生日的陈乔恩，至今依然单身，有人问起她的择偶标准，她依然很坚定地回答："必须嫁给爱情。"可笑吗？一点儿都不，作为有钱有颜的一线女明星，她有资本，更有资格。

当一位女性依靠自己实现经济和思想的独立时，才能拥有足够的勇气和底气，去过"想要什么便自己去拿"的人生。因为拥有了物质和精神的独立，才不会在婚姻和爱情里将就，更不会轻易对现实妥协。

03

真正的底气，不管是经济自由还是思想独立，都是自己拼了命赚来的。或许，只有在底气不足的时候，才会为了所谓的安稳，赌上一生。

大学同学小静，毕业之后找了份幼师的工作，然后在父母的安排嫁给了个有车有房的老公。然而，生活的残忍在于，所谓的有钱，其实是赔上了自己的尊严和自由。

小静说，因为自己个人能力和家境都有些高攀，每次在老公面前，她都小心翼翼、低声下气。结婚两年多，骨子里的自卑，一直挥之不去，家里的财务大权，全部掌握在男人一个人手里，说是一个家庭，但小静其实一无所有。

没有独立资本的人生，就要被牢牢地束缚在别人的手掌心，动弹不得。哪怕你某一天恍然大悟，想翻身，自尊也得被狠狠踩在脚下的。所以，想要拥有一场高质量的婚姻，双方需要保持共同的步调，只有门当户对的感情才能走得更远、更幸福。

当你有了经济和精神的双重自由，便可以给自己一份独立的理由，活得自信而有底气。想要的东西都自己去争取，再也不把主动权交给别人。哪怕没有至死不渝的爱情，也没关系，毕竟，我们终究是靠自己生活的人。

小说《爱玛》的女主角讲过一句话：那些被嘲笑嫁不出去的，都是一些穷酸的老姑娘，但我不会，我是骄傲的单身贵族。

04

特别佩服那些活得开、拎得清的女孩子。她们把人生的主动权牢牢掌握在自己手中，活得自由而独立，人生信条特别简单：要么拥有高质量的婚姻，要么哪怕一辈子单身，也必须活得光彩照人。

没错，她们或许不符合社会的某种相夫教子的标准，可是她们至少是活得精致的单身贵族。对于她们自己来说，何尝不是一种幸福呢？

所有的无上光荣，都需要背道而驰的孤独和努力来换取。她们是命运的主人。

就像电影《成为简·奥斯汀》中的台词：不在任何东西面前失去自我，哪怕是教条，哪怕是别人的目光，哪怕是爱情。

我一直相信，每一个用努力给生活交出答案的姑娘，都会把命运紧紧握在自己的手中。单身并不意味着她们不够好，年龄大的姑娘也不该被人武断地叫"剩女"，她们中的大多数只是习惯了单枪匹马去奋斗。相信时光不会辜负好姑娘，总会有那个人理解她们刚强下的柔软，牵着她们的手一起去闯。

熬过悲伤，攥紧希望

你可以偶尔脆弱，但是永远不要失落，必须有勇气去相信，当世界暗无天日的时候，你仍然是你生命里最亮的那束光。

01

小时候，觉得快乐、难过这些情绪，和感冒一样，是可以传染的。

印象很深的一件事，初中二年级的时候，期末考试考了年级第一，我开心坏了，第一件事，就是兴冲冲地把这个消息分享给同桌。那时候根本不会考虑什么"她会不会嫉妒啊""考得好关别人什么事""女孩子都是敏感动物"这种问题，只是出于一种百分百的信任，试图把快乐掰开分享给她。

很幸运，我那个同桌虽然算不上闺蜜，但她那句"真棒啊，好优秀"是真的为我开心，不掺杂任何别的情绪。我怀念那个时候的自己，准确说，是羡慕。羡慕快乐可以毫不犹豫地分享，难过可以肆无忌惮地倾诉。如今，只剩下沉默。

有句话这样讲：成长就是一个把哭声调成静音的过程。扎心，但是特别真实。升职的时候，哪怕下一秒都能起飞，但是打开手机，还是保持了最原始的低调，准备发朋友圈的手很快慢了下来；失恋的时候，再苦再痛，也不敢打开通讯录，拨通那几个熟悉的号码，因为有些苦，只能自己去承受。因为越来越明白一个道理：快乐分享错了人，就是炫耀；难过分享错了人，就是矫情。

也害怕会因为自己的坏情绪，给别人传递负能量，斟酌，小心翼翼，把最妥帖的自己展示在世人面前，而那个脆弱、无助又孤单的自己，只能在黑暗中偷偷上演。

02

前段时间期末考，整个人身心俱疲，加上写作的缘故，经常忙到深夜依然力不从心，眼泪随着一盏一盏灭掉的灯悄然滑落，有那么几个瞬间，真的撑不下去了。

凌晨的时候，打开微信的通讯录，从头刷到尾，但始终还是没有说话。刚要关手机，朋友圈发现了一条更新，闺蜜发的，她失恋了。

在那个万籁俱寂、万念俱灰的晚上，我独自流着泪，再也忍不住，点了个赞给她发了一段话。她马上回过来，同样温暖的话语，让我有了些许力量，我想她是懂的，因为我们太相似了。

认识闺蜜，是在高三那年压力最大的时候，她像一颗无名的星星，悄然出现。她是复读生，很巧地安排到我们宿舍，和我做了对铺。认识的第一天，我送了她一本书，希望以此来鼓励那个被挫折打压过的姑娘。我们就这样成了知心好友，事实上，后来的所有故事证明，我收获的不仅是友情。还有一个可以心灵相通的自己，这也是迄今为止，最值得骄傲的一件事。

然而，那晚鼓励之后，我们的生活还在继续。无论未来多么渺茫，无论现实多么惨淡，也没人能将我们从嘈杂中拯救，除了自己。所以那个写下《梦里花落知多少》的传奇女子三毛，在丈夫不幸离世之后，谢绝了父母的引渡之意，选择了一个人走出那片苦海。

他们是她的亲人，但依然没办法理解她失去爱人的苦心。诚然，人最无可奈何之处，莫过于此，哪怕你再怎么极尽所能，也不可能将另一个人的痛苦切身体会。强求不可，还可以尊重，换个说法，叫善待别人的痛。

03

很久之前看过一个故事《请让我留在我想要的姿态里》，里面这样讲："总会有那么一天，觉得自己一无是处，无力应对这个世界，只想一个人待着，一句话也不说。如果有朋友这时候出于善意不停地追问原因，甚至想方设法地讲笑话给我，我能感受到他的好意，但却只能说，敬谢不敏。不要问我，不要试图拥抱我，就让我待在我的灰色地带吧。在这里，我会再次逼视自己的生活，再次审视自己经历过的挫败、痛苦，用我现在具备的视角和理解力，再次拿起手术刀，解剖过去的种种病灶。而这种分解，只能独自完成，无法转让给任何人，再亲密的人都不成。"

深以为然，感同身受这个词，从来就不存在的，又何必强求？最好的不过是我心疼你，但我会慢慢退出你的情绪圈，直到你愈合的那一天。不是因为不懂你，只是因为太懂你。

我感觉这是最好的状态，就像很多朋友失去亲人，那种撕心裂肺的痛不是安慰可以弥补的，倒不如用最普通的沉默和祈祷，在旁边看着他就好。

外公去世那年，我还不懂事，以为父亲太冷酷，面对母亲撕心裂肺的痛哭，也没有过多的话，只是默默在沙发上陪她坐着，陪她失眠到天明。很久之后，才理解了父亲对母亲那份厚重的爱，胜过千言万语。不要嘲笑那些看似不经意的悲伤情绪，有些痛苦真的没办法去理解，也没资格。

回来吧，等他不哭了，会重新带上微笑，对着你说："嗨，好久不见。"

04

还是那句话：有些事，只能一个人做；有些路，只能一个人走。越长大，越理解"一个人"的意义。

我想生命的力量是伟大的，所有的坚强和忍耐，都是上天馈赠给人的最美好的品质。你可以偶尔脆弱，但是永远不要失落，必须有勇气去相信，当世界暗无天日的时候，你仍然是你生命里最亮的那束光。既然理解了这个世界，不如放手和它和解，因为那种豁然开朗的感觉，真的太奇妙了，尽管有几分不完满，又有什么关系呢？

我知道你也有知己、恋人、亲人、朋友。如果有那么一个人，愿意和你一起剖析伤痛和欢喜，肯定是好事。只是伤口愈合这件事，他们真的无能为力，如果他们不能很好地理解你的悲伤和快乐，请不要责怪他们。

我们每个人，都拥有最好的曾经、最暖的故事和最珍贵的回忆。时光不愿与人语，不如，就把它们好好收藏起来，妥善安放。

反正山长水远，你还有很长的路要走，善待回忆，也善待当下每一分钟都在赶路的自己，别让深夜的支离破碎，将其中伤。星光不问赶路人，时光不负有心人。请相信你自己，熬过去悲伤，也攥紧希望，也可以恢复得活蹦乱跳，潇洒又自信。

比骄阳还灿烂的，是你的微笑。

北漂女孩：不忘初心，方得始终

我们读书学习、考研工作，一路纵情高歌，只是希望自己可以在偌大的城市里，拥有看得见未来的生活。

为了这份难能可贵的归属，我们拼尽全力。

01

扇扇是我认识的第一个北漂女孩。

人生十字路口，有人选择去大城市实习，企图在那个世界闯出一片天，力求赢得一份成功。也有人选择一路考研、读博、留学深造，人生一路开挂，在那个常人难以企及的精英世界，和一群知识丰富的文艺青年侃侃而谈，好不快乐。

可生活往往没那么容易。

我们都羡慕花朵的娇艳和美丽，却从未认真感受过它背后的辛酸和付出的努力。

"浇灌一朵花，究竟需要多久？"

"三年，只能长出花骨朵。"

扇扇举着一瓶啤酒，苦笑着说。

苦涩的液体流进本就肿胀的喉咙，心底的闭塞和埋藏的苦楚也随之倾泻而出，呛得扇扇眼泪直流，胃也被灼烧得火辣辣的疼。

"你知道吗，就算再来三年，我也只能是精英较量下遗落的炮灰一枚，可笑吧。"

"你忘了，你也是精英。"

这是一年前，扇扇经历考研失败、实习被拒，终于委曲求全在北京找了一份工资极低的活儿，后来一路闯荡，刚好工作半年时，我们聊天的对话。本来是为了安慰她，希望她可以在自己心仪的城市坚持下去，不要因为某些原因轻易对自己投降。

没想到又两年之后，一语成谶。

又一个三年，扇扇终于拥抱了北京上空属于自己的一朵白云。

扇扇不仅摆脱了当初食不果腹的北漂生活，而且还拥有了自己的第一笔存款，给爸妈买了一辆车，俨然一位女精英。

只是有点遗憾，这不是一个励志的故事，而是现实。

02

刚到北京的时候，扇扇和所有对首都充满向往的小女孩一样，背着自己的卡通七仔，拉着粉嫩的行李箱，拒绝了爸妈所有的经济援助，只身一人在天安门前拍照纪念，在心底对自己许下诺言：等着吧北京，我要让你见证一个奇迹。

那天的阳光特别好，白云像浸了水的棉花糖一般簇拥成一团一团，挤在那是遥远却又近在眼前的天边，似乎也在温柔地给扇扇打气。

可一查房租，扇扇顿时傻眼了。扇扇的全部家当，都不足以支撑两个月的房租，更不用说饮食和其他消费了。人有时候真的很奇怪，自信和自卑总是像价值规律一样起伏不定，而这种怪异又是任何人无法拯救的。很多个傍晚，扇扇独自一人蜗居在一个不足 10 平方米的地下室里，流着泪给自己加油打气。

她说，感觉自己像个无家可归的孤儿。可那又怎样？生活还要继续。

第二天，扇扇用淘来的廉价化妆品给自己画了一个美美的妆，挑选出收购的地摊货中最好看的衣服，对着镜子给自己喊了三声加油，把自己伪装成一个都市白领。

可刚一出门，妆就被太阳晒花了。

说不出为什么，大概觉得自己太可怜，扇扇竟然不顾周围人的目光，当街大笑了起来，仿佛中了 500 万彩票那般开心。

可能爱笑的女孩运气都不会差吧。扇扇很快得到了自己在北京的第一份工作——超市售货员，虽然工资不高，但是，当时看中她的那个大妈非常和气，愿意给扇扇每天加一份免费午餐。

都说天下没有免费的午餐，可对于一个北漂女孩来说，以这份午餐作为条件，足以让她手舞足蹈。

03

扇扇是在超市工作第三个月的时候，遇到了 K 先生。

K 先生身材很高大，单看背影有种水浒传里鲁智深的即视感，不过如果仔细看他的正脸，浓眉大眼，五官端正，倒是有点香港影星郭富城的味道，眼神里充满柔情。

那天扇扇正在打瞌睡，被 K 先生一叫，差点吓得魂飞魄散。可是当她定了定神，睁开眼睛，看到面前的人时，差点儿憋出内伤。

扇扇实在想不通怎么会有如此奇葩的搭配，一张人畜无害的呆萌脸，配一身完美精致的肌肉，怎么看怎么觉得奇怪。

"喂，算一下账哈。"

扇扇赶紧准备扫码，不过让她好气又好笑的是，这个人竟然只买了一点蔬菜和一盒奥利奥的饼干。

"这口算都可以吧……" K 先生歪着头看她，语气里听不出是嘲笑还是惊讶。

扇扇气得头也不想抬，数学从来都是她不想提及的痛处。考研失败，和数学有很大的关系，那天扇扇满怀信心地做完了试卷，却在对成绩的时候傻眼了，写了很多，答案对的却没几个。

"生气了？嗯，你不会还是学生吧？"

"实习。"扇扇冷冰冰地吐出两个字。

K 先生哈哈大笑，笑容明朗。

"实习就来卖东西?" K 先生皱了皱眉。

"你不懂。" 扇扇瞥了一眼 K 先生腰带上的字母,疲惫得不想多说。她想到那个说"何不食肉糜"的皇帝,说白了也只是站在制高点俯视玩弄罢了。

但是,这次扇扇却错了。K 先生给她介绍了新的实习岗位,工资翻了三倍。

04

当我为她的幸运拍手叫好时,扇扇却摆摆手,劝我安静点。

"K 先生算不上传统意义上的坏人,但好人的好,也需要付出代价。"

天下真的没有免费的午餐。

起初,扇扇觉得 K 先生简直是自己的救命恩人,而且自己新的实习公司和 K 先生的公司距离很近,这样就可以找时间请他吃吃饭,表达自己的感激之情。

K 先生也不拒绝,他只是很顺从地陪着扇扇去那些并不高档的餐厅吃饭,在扇扇吃辣炒花蛤吃到流眼泪时,他一边哈哈大笑,一边很体贴地拿出纸巾。

只是偶尔在递纸巾的时候,他会轻轻弯下腰,帮扇扇擦眼泪。

扇扇下意识地往后躲,可 K 先生,显然并没有后退的意思。

有天晚上，扇扇突然想起来 K 先生和她讲过的一句话：

"来北京，你不图点什么，为什么要来呢？"

当初扇扇只是觉得很有道理，还把这句话抄写到了便利贴上，贴到了床头，在心中默念自己想要的生活。

可她终于发现，来北京贪图的东西，并非那么简单。

当 K 先生试图把那个吻落到扇扇脸上时，扇扇用力掐了自己的手臂，用尽平生所有力气落荒而逃。哪怕再贪心，她也不会丢了初心。

05

每个人的心里，都住着一座城。那里或许有梦，有希望，有寄托和畅想。

可是，作为一个走过北漂的姑娘，扇扇谈到这些时，还是难掩内心的悲伤——或许不痛，但足够戳中心房最柔软的地方。

"如果不贪点儿什么，确实没有资格去北京。"扇扇语气平静，"可我贪图的东西，从一开始，就从未改变过。"

"我想要的很简单，只是看得见未来的生活。"

有的人可以用三年的时间浇灌出一朵娇艳的玫瑰花，但是用六年时间浇灌的百合花，一样很美丽。

离开 K 先生介绍的公司之后，扇扇一个人过得很苦，但是也很酷。她从来不是一个肯服输的姑娘，就像刚刚来到北京时那样。

她用了三年时间，吃遍所有人曾预想的苦，看遍所有的世态炎凉，最终如愿成为曾经梦想成为的都市女精英，对于她来说，足够了。

我们每个人都曾经是扇扇，抑或当下，甚至以后。

我们都想拥有看得见未来的生活。

所以，我们读书学习，考研工作，一路纵情高歌，只是希望自己有一天被别人谈起的时候，不至于像灰尘那般落寞，在偌大的城市里，没有自己的容身之所。

为了这份难能可贵的归属，我们拼尽全力，但请记住一句话：

所有的力量，都来源于我们自己。

不忘初心，方得始终。终有一日，我们熬过了所有的匍匐、苦涩、挣扎、难过，那段尽管蒙尘却初心不改的人生，定会成为我们生命中最浓墨重彩的一笔。

以上，扇扇想寄给所有其他的扇扇，还有所有的异乡人。

无论你在哪个城市。